フーリエ解析学
の序章

杉山健一

数学書房

はじめに

Fourier 解析は，理論・応用を問わず様々な分野で有用である．本書ではその入門として次の場合の Fourier 変換を解説する．

(1) 有限巡回群上定義された関数の Fourier 変換．
(2) 周期関数の Fourier 変換．
(3) 急減少関数の Fourier 変換．
(4) 超関数の Fourier 変換．

一見するとこれらの話題は独立であるように思われるが，実は一般化により

$$(1) \longrightarrow (2) \longrightarrow (3) \longrightarrow (4)$$

という関係があり，その過程で Fourier 変換の思想は一貫している．そのため，本書では Fourier 変換の基本的な思想や理念を最も簡単な場合 (1) で説明し，その発展として残りの場合を解説する方法をとった．また (4) で定義する Dirac 超関数や櫛形超関数はすでに (1) で登場しているので，必要に応じて (1) を参照すると扱われる内容や定理が理解しやすいと思われる．

また理論だけでは Fourier 変換の威力が実感されないので，以下の分野への応用を解説した．

(1) (整数論)Gauss 和と Jacobi 和，平方剰余の相互法則，有限体上定義された Fermat 曲線の有理点の個数の数え上げ，Euler の等式 (ゼータ関数の特殊値)．
(2) (幾何学) 離散等周問題，等周問題．
(3) (解析学) 線型微分方程式，Weierstrauss の多項式近似定理．
(4) (物理学)(離散) 不確定性原理
(5) (工学)CT (Computer Tomography)，Digital sampling の理論．

これ以外にも様々な応用があるが，それを本書で網羅するのは明らかに不可能であり，比較的説明しやすい例を挙げるのに留めた．

本書で扱うのはすべて可換群上の Fourier 解析学である．非可換な群でも Fourier 解析学が展開され，表現論や保型形式への応用があり大変重要であるが，それは本書の範囲を逸脱する．巻末に挙げた A. Terras の教科書がその分野の入門書として読みやすい．

本書では予備知識は (学部 2 年までに学習する) 線型代数と微分積分学の基礎知識があれば十分読めるように工夫したつもりであるが，馴染みがないかも知れないと危惧される幾つかの事項については**付録**で解説した．また計算もなるべく省略しないように心がけたが，やはり数学なので実際にペンを持って計算を追うことを強く勧める．最後に，本書が広大な「Fourier 解析学」という分野への入り口となれば，著者の望外の喜びである．

2018 年初夏 著者記す

目　次

はじめに　　　　　　　　　　　　　　　　　　　　　　　　　　　　　　　　i

第 1 章　有限巡回群上の離散 Fourier 変換　　　　　　　　　　　　　　　1

　　1.1　導入　. . . . .　1

　　1.2　有限巡回群 C_n 上の関数空間 $L^2(C_n)$　. . . . .　1

　　1.3　指標関数　. . . . .　6

　　1.4　離散 Fourier 変換　. . . . .　9

　　1.5　離散等周問題　. . . . .　15

　　1.6　Gauss 和　. . . . .　23

　　1.7　平方剰余の相互法則　. . . . .　32

　　1.8　2 変数の Jacobi 和　. . . . .　39

　　1.9　有限体上の Fermat 曲線の有理点の個数　. . . . .　42

　　1.10　不確定性原理　. . . . .　47

　　1.11　第 1 章の付録 (可換群からの準備)　. . . . .　49

第 2 章　周期関数の Fourier 変換　　　　　　　　　　　　　　　　　　51

　　2.1　導入　. . . . .　51

　　2.2　数列の空間と周期関数空間　. . . . .　52

　　2.3　空間の完備化　. . . . .　57

　　2.4　Fejér 級数　. . . . .　64

　　2.5　微分可能性　. . . . .　77

　　2.6　Weierstrauss の多項式近似定理　. . . . .　80

　　2.7　Euler の等式 (ゼータ関数の特殊値)　. . . . .　83

　　2.8　線型微分方程式　. . . . .　86

　　2.9　等周問題 (Dido の定理)　. . . . .　88

第 3 章　急減少関数の Fourier 変換　　　　　　　　　　　　　　　　　96

　　3.1　導入　. . . . .　96

　　3.2　急減少関数　. . . . .　97

　　3.3　1 変数 Fourier 変換と Fourier 逆変換　. . . . .　103

3.4	Fejér 核関数	109
3.5	反転公式と Planchrel の公式	116
3.6	2 変数 Fourier 変換	123
3.7	Radon 変換と CT の原理	126

第 4 章 超関数の Fourier 変換 134

4.1	導入	134
4.2	超関数	135
4.3	超関数における基本的な演算	138
4.4	超関数の Fourier 変換	139
4.5	急減少関数と超関数のたたみ込み	143
4.6	Poisson の和公式	149
4.7	Digital Sampling	152

付録 155

A.1	Hermite 内積	155
A.2	一様収束, 一様ノルム	158
A.3	Leibnitz の公式	160

参考文献	162
索　引	163

第 1 章

有限巡回群上の離散 Fourier 変換

1.1 導入

Fourier 解析は，数学の多くの分野で有用のみならず，現実の問題の解決において有効な手段を提供する．その理論は状況に応じてその形を変えるが，基本的なアイデアはこの章の「有限巡回群上の Fourier 解析」に含まれている．位数 n の有限巡回群 C_n 上の Fourier 解析において重要な事実は

- (1) 指標の直交関係式 (定理 1.3.3)
- (2) 反転公式 (定理 1.4.5)

である．指標の直交関係式を用いて離散 Fourier 変換が定義されるが (定義 1.4.1)，この変換は C_n 上定義された関数空間における対応とみるよりは，関数の積を考慮すると，C_n の群環から C_n 上の関数空間への線型写像と考えた方がその本質を理解しやすい ((1.12) 参照)．離散 Fourier 変換は多くの分野で活用される．本書ではその一例として，離散等周問題 (幾何学)，平方剰余の相互法則 (整数論)，有限体上定義された Fermat 曲線の有理点の個数の数え上げ (整数論)，不確定性原理 (物理学) を紹介する．本来の等周問題 (Dido の定理) は次章で扱うが，離散等周問題の極限と解釈することができる．

有限位数のアーベル群は有限巡回群の直積となるので，この章の内容を「有限アーベル群上の Fourier 解析」に拡張するのは難しいことではないが，説明を簡潔にするために本書では有限巡回群の場合のみを扱う．有限アーベル群上の Fourier 解析については，文献に挙げた Terras の本が読みやすい．

1.2 有限巡回群 C_n 上の関数空間 $L^2(C_n)$

有限巡回群上のフーリエ解析学は，様々な方面の応用があるとともに，第 2 章以降のフーリエ解析の原型となる．2 以上の自然数 n について，位数 n

2   第 1 章　有限巡回群上の離散 Fourier 変換

の巡回群を C_n で表し，しばしば $\mathbb{Z}/n\mathbb{Z} = \{0, 1, \cdots, n-1\}$ と同一視する．C_n を定義域とする複素数値関数の全体を $L^2(C_n)$ で表すと，$L^2(C_n)$ は $\mathbb{C}$ を係数とする線型空間となり，この空間に Hermite 内積を

$$(f, g) = \sum_{x \in C_n} f(x)\overline{g(x)} \quad (f, g \in L^2(C_n))$$

により定義する．様々な計算をする上で，$L^2(C_n)$ の元をベクトルで表すと便利である．実際，対応 $C_n \simeq \mathbb{Z}/n\mathbb{Z} = \{0, 1, \cdots, n-1\}$ を用いて，$L^2(C_n)$ は n 次元複素線型空間 $\mathbb{C}^n$ と

$$L^2(C_n) \simeq \mathbb{C}^n, \quad f \longmapsto (f(0), f(1), \cdots, f(n-1)) \tag{1.1}$$

により同一視され，$f, g \in L^2(C_n)$ について

$$(f, g) = \sum_{i=0}^{n-1} f(i)\overline{g(i)} \tag{1.2}$$

が成り立つ．このように，Hilbert 空間 $L^2(C_n)$ は，標準的な Hermite 内積をもつ $\mathbb{C}^n$ と同一視される．ここで，$\mathbb{C}^n$ における標準的な Hermite 内積の性質を簡単に復習しておく．

補題 1.2.1　$f = (f_1, \cdots, f_n), g = (g_1, \cdots, g_n) \in \mathbb{C}^n$ に対して定義される Hermite 内積

$$(f, g) = \sum_{i=1}^{n} f_i \overline{g_i}$$

は，以下の性質をみたす：

(1) $\qquad (\alpha f + \beta g, h) = \alpha(f, h) + \beta(g, h) \quad (\alpha, \beta \in \mathbb{C})$.

(2) $\qquad (f, g) = \overline{(g, f)}$.

特に (1) とあわせて

$$(f, g_1 + g_2) = (f, g_1) + (f, g_2), \quad (f, \beta g) = \overline{\beta}(f, g) \quad (\beta \in \mathbb{C})$$

が成り立つ．

(3) $\qquad\qquad (f, f) \geq 0$

がつねに成り立ち，さらに $(f, f) = 0$ となるための必要十分条件は $f = 0$ である．

(4) $\|f\| = \sqrt{(f,f)}$ とおくと

$$|\mathrm{Re}(f,g)| \le \|f\| \cdot \|g\|, \quad \|f+g\| \le \|f\| + \|g\|$$

が成り立つ.

証明. (4) のみを示す. $f = 0$ のときは主張は明らかに成り立つので, $f \ne 0$ とする. 変数 t についての 2 次関数

$$\Phi(t) = \|tf + g\|^2 = \|f\|^2 t^2 + 2\mathrm{Re}(f,g)t + \|g\|^2$$

を考えると, これは任意の実数 t について $\Phi(t) \ge 0$ をみたすので, その判別式は 0 以下でなければならない. したがって

$$4\mathrm{Re}(f,g)^2 - 4\|f\|^2 \cdot \|g\|^2 \le 0$$

となり, この平方根をとれば

$$|\mathrm{Re}(f,g)| \le \|f\| \cdot \|g\|$$

が従う. これを用いると, 残りの主張は

$$\begin{aligned}
\|f+g\|^2 &= \|f\|^2 + 2\mathrm{Re}(f,g) + \|g\|^2 \\
&\le \|f\|^2 + 2\|f\| \cdot \|g\| + \|g\|^2 = (\|f\| + \|g\|)^2
\end{aligned}$$

から得られる. □

この補題と (1.2) から, $L^2(C_n)$ で定義された Hermite 内積について, 次の命題が成り立つ.

命題 1.2.2 f, g, h を $L^2(C_n)$ の元とするとき, 以下が成り立つ.

(1) $\qquad (\alpha f + \beta g, h) = \alpha(f,h) + \beta(g,h) \quad (\alpha, \beta \in \mathbb{C})$.

(2) $\qquad\qquad\qquad (f,g) = \overline{(g,f)}$.

(3) $\qquad\qquad\qquad (f,f) \ge 0$

がつねに成り立ち, $(f,f) = 0$ となるための必要十分条件は $f = 0$ である.

(4) $f \in L^2(C_n)$ のノルム (長さ) を

$$\|f\| = \sqrt{(f,f)}$$

により定めると,

$$|\mathrm{Re}(f,g)| \le \|f\| \cdot \|g\|, \quad \|f+g\| \le \|f\| + \|g\|$$

が成り立つ. また, $f = 0$ と $\|f\| = 0$ は同値である.

$0 \leq i \leq n-1$ について，i に台をもつ Dirac 関数 $\delta_i \in L^2(C_n)$ を

$$\delta_i(j) = \begin{cases} 1 & (j = i \text{ のとき}) \\ 0 & (j \neq i \text{ のとき}) \end{cases}$$

と定義する．対応 (1.1) により δ_i は

$$\mathbf{e_{i+1}} = (0, \cdots, 0, 1, 0, \cdots, 0) \qquad (1 \text{ は第 } i+1 \text{ 成分に位置する})$$

に写され，$\{\mathbf{e}_1, \cdots, \mathbf{e}_n\}$ は $\mathbb{C}^n$ の標準的な正規直交基底なので，(1.2) から $\{\delta_0, \cdots, \delta_{n-1}\}$ が $L^2(C_n)$ の正規直交基底となることが分かる．

$L^2(C_n)$ は線型空間のみならず，**群環**とよばれる可換環の構造をもつ．それを解説しよう．

一般に可換群 G から，**群環**とよばれる可換環 $\mathbb{C}[G]$ が次のように構成される：$\mathbb{C}[G]$ を G の元を基底とする線型空間

$$\mathbb{C}[G] = \{ \sum_{x \in G} c_x x \mid c_x \in \mathbb{C} \}$$

と定義する (ただし，c_x は有限個の $x \in G$ を除いて 0 と約束する)．定義から $\mathbb{C}[G]$ の元 $f = \sum_{x \in G} f_x x$ と $g = \sum_{x \in G} g_x x$ の和は

$$f + g = \sum_{x \in G} (f_x + g_x) x \tag{1.3}$$

となる．さらに，G の積を用いて f と g の積を，

$$f * g = (\sum_{x \in G} f_x x) * (\sum_{y \in G} g_y y) = \sum_{z \in G} (\sum_{xy = z} f_x g_y) z \tag{1.4}$$

と定義する (この定義が成立するために，c_x は有限個の $x \in G$ を除いて 0 と約束した)．G は可換群であるため

$$fg = gf$$

が容易に確認され，また G の単位元 e が，積についての単位元となる．

一方，$L^2(G)$ を

$$L^2(G) = \{ f : G \longrightarrow \mathbb{C} \mid \text{有限個の } x \in G \text{ を除いて } f(x) = 0 \}$$

と定義する. $L^2(G)$ は $\mathbb{C}$ 上の線型空間であるが, Dirac 関数 $\{\delta_x\}_{x \in G}$ はこの空間の基底となり, (1.3) から

$$L^2(G) \longrightarrow \mathbb{C}[G], \quad f \longmapsto \sum_{x \in G} f(x)x \tag{1.5}$$

は線型同型写像となる. この写像を用いて, $\mathbb{C}[G]$ の積から $L^2(G)$ にたたみ込みとよばれる積 $*$ が定義される. すなわち, $f, g \in L^2(G)$ としたとき, (1.4) における両辺の z の係数を比較して,

$$f * g(z) = \sum_{x \in G} f(x)g(x^{-1}z) = \sum_{x \in G} f(x)g(zx^{-1}) \tag{1.6}$$

と定める. $L^2(G)$ にたたみ込みにより積を定義すれば, $L^2(G)$ は可換環となり, 対応 (1.5) は $\mathbb{C}$ 上の可換代数の間の同型となる. たとえば $f * g = g * f$ は, 変数変換 $y = zx^{-1}$ を用いて,

$$g * f(z) = \sum_{x \in G} g(x)f(zx^{-1}) = \sum_{y \in G} g(zy^{-1})f(y) = f * g(z)$$

と確認される.

注意 1.2.3 f と g のたたみ込み $f * g$ は, 関数としての積

$$(fg)(x) = f(x)g(x)$$

とは異なることに注意.

この構成を $C_n = \mathbb{Z}/n\mathbb{Z}$ に適用する. 以下, 記号の簡略化のため, しばしば $x \in C_n$ を x に台をもつ Dirac 関数 δ_x と同一視し

$$\delta_x = x$$

と表す. $C_n = \mathbb{Z}/n\mathbb{Z}$ における群演算は「和」で表されるので, $L^2(C_n)$ における δ_x と δ_y $(x, y \in C_n)$ のたたみ込みは

$$\delta_x * \delta_y = \delta_{x+y} \quad (x, y \in C_n)$$

となり, 一般の場合は (1.6) を (積を和に変えて) 書き直して

$$f * g(z) = \sum_{x \in C_n} f(x)g(z - x)$$

となる. 群環 $\mathbb{C}[C_n]$ は $\mathbb{C}$ 上の可換環であるので, 同型 (1.5) から次の補題が得られる.

6   第 1 章   有限巡回群上の離散 Fourier 変換

補題 1.2.4 $L^2(C_n)$ の元 f, g, h について次の式が成り立つ.

(1)
$$f * g = g * f.$$

(2) $\alpha, \beta \in \mathbb{C}$ としたとき,
$$(\alpha f + \beta g) * h = \alpha f * h + \beta g * h.$$

(3)
$$(f * g) * h = f * (g * h).$$

例 1.2.5
$$(f * \delta_a)(x) = f(x - a)$$

が成り立つ. 実際
$$x - y = a \Longleftrightarrow y = x - a$$

から,
$$(f * \delta_a)(x) = \sum_{y \in C_n} f(y)\delta_a(x - y) = f(x - a).$$

つまり δ_a との畳み込みは "$-a$" の「平行移動」に等しい. 特に, $a = 0$ とすると,
$$\delta_0 * f = f \tag{1.7}$$

を得る. これは可換環の同型 (1.5) に注意すれば, 0 が巡回群 $C_n = \mathbb{Z}/n\mathbb{Z}$ における単位元であることからわかる.

1.3   指標関数

第 2 章以降で解説されるフーリエ解析において, 指数関数 $\mathbf{e}_n(z) = \exp(2\pi inz)$ が重要な役割を果たす. この節では C_n 上のフーリエ変換において, 指数関数の役割を担う**指標**を説明しよう.

$\mathbb{C}^\times = \mathbb{C} \setminus \{0\}$ を乗法により可換群とみなし, 一般の可換群 G の指標の定義を述べる.

定義 1.3.1   可換群 G から $\mathbb{C}^\times$ への準同型, すなわち写像
$$f : G \longrightarrow \mathbb{C}^\times, \quad f(xy) = f(x)f(y), f(1) = 1$$

を**指標**といい, G の指標の集まりを $\check{G}$ で表す.

$f, g \in \check{G}$ の積 fg を

$$(fg)(x) = f(x)g(x) \quad (x \in G)$$

と定義すると，fg は G の指標となることが確認され，この積により $\check{G}$ は可換群となる．このとき $\check{G}$ の単位元は**自明な指標**

$$\mathbf{1} : G \longrightarrow \mathbb{C}^{\times}, \quad \mathbf{1}(x) = 1 \ (\forall x \in G)$$

で与えられ，$f \in \check{G}$ の逆元は

$$f^{-1} : G \longrightarrow \mathbb{C}^{\times}, \quad f^{-1}(x) = \frac{1}{f(x)}$$

となる．$\check{G}$ を G の**指標群**とよぶ．

n 次巡回群 $C_n = \mathbb{Z}/n\mathbb{Z}$（群演算は加法で定義する）の指標群 $\check{C}_n$ を考察しよう．$0 \le a \le n-1$ に対して，

$$\varepsilon_a : C_n \longrightarrow \mathbb{C}^{\times}, \quad \varepsilon_a(x) = \exp\Big(\frac{2\pi i a x}{n}\Big) = \zeta_n^{ax}$$

は指標となることは容易に確認できる（ただし

$$\zeta_n = \exp\Big(\frac{2\pi i}{n}\Big)$$

とおいた）．特に ε_0 は自明な指標となり，

$$\varepsilon_a \varepsilon_b = \varepsilon_{a+b}, \quad \varepsilon_a^{-1} = \varepsilon_{-a} \tag{1.8}$$

が成り立つ．

補題 1.3.2 C_n 上の指標は $\varepsilon_a \, (0 \le a \le n-1)$ のいずれかに一致する．

証明. μ_n を 1 の n 乗根の集まりとする：

$$\mu_n = \{z \in \mathbb{C} \mid z^n = 1\} = \Big\{ \exp\Big(\frac{2\pi i a}{n}\Big) \,\Big|\, 0 \le a \le n-1 \Big\}.$$

χ を C_n 上の指標とすると，

$$\chi(1)^n = \chi(n) = \chi(0) = 1$$

より $\chi(1) \in \mu_n$. したがって $\chi(1) = \exp\Big(\dfrac{2\pi i a}{n}\Big)$ をみたす $0 \le a \le n-1$ が存在する．このとき $x \in C_n$ に対して，

$$\chi(x) = \chi(1)^x = \exp\Big(\frac{2\pi i a}{n}\Big)^x = \exp\Big(\frac{2\pi i a x}{n}\Big) = \varepsilon_a(x)$$

となるので，$\chi = \varepsilon_a$. □

8   第 1 章 有限巡回群上の離散 Fourier 変換

補題 1.3.2 から，C_n の指標群 $\check{C}_n$ は $\check{C}_n = \{\varepsilon_0, \cdots, \varepsilon_{n-1}\}$ で与えられ，(1.8) から対応

$$C_n \simeq \check{C}_n, \quad a \longmapsto \varepsilon_a \tag{1.9}$$

は同型を与える.

命題 1.3.3 (指標の直交関係式) $\{\varepsilon_a\}_{0 \le a \le n-1}$ は $L^2(C_n)$ の直交基底となる. すなわち，

$$(\varepsilon_a, \varepsilon_b) = \delta_{ab} n = \begin{cases} n & (a = b \text{ のとき}) \\ 0 & (a \ne b \text{ のとき}) \end{cases}$$

が成り立つ.

この命題は有限位数の可換群で成り立つので，そちらを解説する.

一般に G を有限位数の可換群とする (群演算を積で表す). G 上の $\mathbb{C}$ に値をもつ関数全体の集合を $L^2(G)$ で表し，

$$(f, g) = \sum_{x \in G} f(x) \overline{g(x)}$$

により Hermite 内積を定めると次の事実が成り立つ.

定理 1.3.4 χ と ξ を G の指標とする.

(1) $$(\chi, \chi) = |G|.$$

(2) $\chi \ne \xi$ のとき，

$$(\chi, \xi) = 0.$$

証明. まず，勝手な $x \in G$ について $|\chi(x)| = 1$ となることに注意する. 実際 G の位数は有限なので $x^m = 1$ となる自然数 m が存在する. したがって

$$\chi(x)^m = \chi(x^m) = \chi(1) = 1$$

から $\chi(x) \in \mu_m$ となることが分かるので $|\chi(x)| = 1$ がしたがう. 以下，主張の証明を行う.

(1) $$(\chi, \chi) = \sum_{x \in G} \chi(x) \overline{\chi(x)} = \sum_{x \in G} 1 = |G|.$$

(2) 仮定から $\chi(y) \neq \xi(y)$ となる $y \in G$ が存在するが，変数変換 $x = xy$ を用いて計算すると

$$(\chi, \xi) = \sum_{x \in G} \chi(xy)\overline{\xi(xy)} = \sum_{x \in G} \chi(x)\chi(y)\overline{\xi(x)\xi(y)}$$

$$= \chi(y)\overline{\xi(y)} \sum_{x \in G} \chi(x)\overline{\xi(x)} = \chi(y)\xi(y)^{-1}(\chi, \xi)$$

となる．ここで最後の等式において，$|\xi(y)| = 1$ より $\overline{\xi(y)} = \xi(y)^{-1}$ となることを用いた．$\chi(y) \neq \xi(y)$ より $\chi(y)\xi(y)^{-1} \neq 1$ なので，等式の両辺を比べて $(\chi, \xi) = 0$ でなければならない． $\square$

1.4 離散 Fourier 変換

定義 1.4.1 (離散 Fourier 変換)

$$\mathcal{F} : L^2(C_n) \longrightarrow L^2(C_n) \tag{1.10}$$

を

$$\mathcal{F}f(x) = \sum_{y \in C_n} f(y) \exp\left(-\frac{2\pi ixy}{n}\right) = \sum_{y \in C_n} f(y)\zeta_n^{-xy}$$

と定義する．

注意 1.4.2 離散 Fourier 変換は線型写像なので，行列で表すことができる．実際，記号を簡単にするため

$$\zeta = \zeta_n^{-1}$$

と表し，n 次行列 F_n を

$$F_n = \left(\zeta^{ij}\right)_{0 \leq i,j \leq n-1} = \begin{pmatrix} 1 & 1 & \cdots & 1 & 1 \\ 1 & \zeta & \cdots & \zeta^{n-2} & \zeta^{n-1} \\ \vdots & \vdots & \ddots & \vdots & \vdots \\ 1 & \zeta^{n-2} & \cdots & \zeta^{(n-2)(n-2)} & \zeta^{(n-2)(n-1)} \\ 1 & \zeta^{n-1} & \cdots & \zeta^{(n-1)(n-2)} & \zeta^{(n-1)(n-1)} \end{pmatrix}$$

と定義すると，

$$\begin{pmatrix} \mathcal{F}f(0) \\ \vdots \\ \mathcal{F}f(n-1) \end{pmatrix} = F_n \begin{pmatrix} f(0) \\ \vdots \\ f(n-1) \end{pmatrix}$$

となる. van der Monde の公式より,

$$\det F_n = \pm \prod_{i \neq j} (\zeta^i - \zeta^j) \neq 0$$

となるので F_n は逆行列を持ち, したがって $\mathcal{F}$ の逆変換が存在することが分かる (定理 1.4.5 参照). またこの行列表示を用いることにより, 計算機を用いて離散 Fourier 変換の数値実験を行うことができる.

$x \in C_n$ に対して, 第 1.3 節で導入した指標 ε_x を用いると $\varepsilon_x(y) = \zeta_n^{xy}$ なので

$$\mathcal{F}f(x) = \sum_{y \in C_n} f(y)\overline{\varepsilon_x(y)} = (f, \varepsilon_x) \tag{1.11}$$

が成り立つ. しばしば $\hat{f} = \mathcal{F}f$ と表す. 定義から明らかに $\mathcal{F}$ は線型写像である.

命題 1.4.3　$\mathcal{F}(f * g) = \mathcal{F}(f)\mathcal{F}(g)$　$(f, g \in L^2(C_n))$

証明. 離散 Fourier 変換とたたみ込みの定義から

$$\mathcal{F}(f * g)(x) = \sum_{y \in C_n} f * g(y)\zeta_n^{-xy} = \sum_{y \in C_n} \sum_{z \in C_n} f(z)g(y - z)\zeta_n^{-xy}.$$

右辺の式を $(y, z) = (z + w, z)$ と変数変換して計算すると,

$$\sum_{y \in C_n} \sum_{z \in C_n} f(z)g(y - z)\zeta_n^{-xy} = \sum_{w \in C_n} \sum_{z \in C_n} f(z)g(w)\zeta_n^{-x(z+w)}$$

$$= \left(\sum_{z \in C_n} f(z)\zeta_n^{-xz} \right)\left(\sum_{w \in C_n} g(w)\zeta_n^{-xw} \right)$$

$$= \mathcal{F}f(x)\mathcal{F}g(x)$$

となり求める等式を得る. □

補足 1.4.4　第 1.1 節の最後で解説したように f と g のたたみ込みによる積 $f * g$ は, 群環 $\mathbb{C}[C_n]$ としての積に一致する. 一方 $L^2(C_n)$ には関数としての積, すなわち

$$(fg)(x) = f(x)g(x) \quad (f, g \in L^2(C_n))$$

により自然に積が定義されているが，(1.10) は積構造と同型 (1.5) を考慮して

$$\mathcal{F} : \mathbb{C}[C_n] \to L^2(C_n) \tag{1.12}$$

と表す方が自然である．

離散 Fourier 変換における基本的な公式は，以下に説明する**反転公式**と **Planchrel の公式**である．

定理 1.4.5 (反転公式) $f \in L^2(C_n)$ について

$$\frac{1}{n}\mathcal{F}(\mathcal{F}f)(x) = f(-x)$$

が成り立つ．

証明． $\mathcal{F}$ は線型写像であり，$\{\delta_a\}_{a \in C_n}$ は $L^2(C_n)$ の基底であるので

$$\frac{1}{n}\mathcal{F}(\mathcal{F}\delta_a)(x) = \delta_a(-x)$$

を示せばよい．δ_a の Fourier 変換は

$$\mathcal{F}\delta_a(x) = \sum_{y \in C_n} \delta_a(y)\zeta_n^{-xy} = \zeta_n^{-ax}$$

となるので

$$\mathcal{F}(\mathcal{F}\delta_a)(-x) = \sum_{y \in C_n} \mathcal{F}\delta_a(y)\zeta_n^{xy} = \sum_{y \in C_n} \zeta_n^{-ay}\zeta_n^{xy} = \sum_{y \in C_n} \zeta_n^{y(x-a)}$$

を得る．ここで $k \in C_n$ について

$$\sum_{y \in C_n} \zeta_n^{ky} = \left\{ \begin{array}{ll} n & (k = 0) \\ 0 & (k \neq 0) \end{array} \right.$$

に注意する．実際，$k = 0$ のときは明らかであり，$k \neq 0$ のときは，

$$S = \sum_{y \in C_n} \zeta_n^{ky}$$

とおいて $y = z + 1$ と変数変換すると，

$$S = \sum_{z \in C_n} \zeta_n^{k(z+1)} = \zeta_n^k \sum_{z \in C_n} \zeta_n^{kz} = \zeta_n^k S$$

を得るが，$\zeta_n^k \neq 1$ より，$S = 0$ でなければならない．したがって

$$\mathcal{F}(\mathcal{F}\delta_a)(-x) = \begin{cases} n & (x = a) \\ 0 & (x \neq a) \end{cases} = n\delta_a(x)$$

が分かるので，主張が示された． □

定理 1.4.5 から離散 Fourier 変換 (1.10) は線型同型となることが分かる．
実際

$$\iota : L^2(C_n) \to L^2(C_n), \quad (\iota f)(x) = f(-x)$$

とおけば，$\mathcal{F}$ の逆写像は

$$\mathcal{F}^{-1} = \frac{1}{n}\iota\mathcal{F}$$

で与えられることが定理 1.4.5 からしたがう．また命題 1.4.3 から次の命題が
導かれる．

命題 1.4.6　$\mathcal{F}^{-1}(fg) = \mathcal{F}^{-1}(f) * \mathcal{F}^{-1}(f)$　$(f, g \in L^2(C_n))$.

証明.　$\mathcal{F}(f) = F$ および $\mathcal{F}(g) = G$ とおくと，命題 1.4.3 は

$$\mathcal{F}(f * g) = FG$$

と書き直せる．両辺に逆変換を施せば

$$\mathcal{F}^{-1}(FG) = f * g = \mathcal{F}^{-1}(F) * \mathcal{F}^{-1}(G)$$

となり，求める結果を得る． □

定理 1.4.7 (Planchrel の公式)　$f \in L^2(C_n)$ とすると，

$$(\mathcal{F}f, \mathcal{F}f) = n(f, f)$$

が成り立つ．

証明.　$x \in C_n$ に対して，第 1.3 節で導入した指標 ε_x を用いる．命題 1.3.3
から $\left\{\dfrac{1}{\sqrt{n}}\varepsilon_x\right\}_{x \in C_n}$ は $L^2(C_n)$ の正規直交基底となることが分かるので，$f \in L^2(C_n)$ は

$$f = \sum_{x \in C_n} \left(f, \frac{1}{\sqrt{n}}\varepsilon_x\right)\frac{1}{\sqrt{n}}\varepsilon_x = \frac{1}{n}\sum_{x \in C_n}(f, \varepsilon_x)\varepsilon_x$$

と展開される．ここで (1.11) から

$$\mathcal{F}f(x) = (f, \varepsilon_x)$$

と表されるので

$$f = \frac{1}{n} \sum_{x \in C_n} \mathcal{F}f(x)\varepsilon_x$$

が分かる．したがって

$$(f, f) = \frac{1}{n^2} \sum_{x,y \in C_n} \mathcal{F}f(x)\overline{\mathcal{F}f(y)}(\varepsilon_x, \varepsilon_y)$$

となり，命題 1.3.3 を用いると

$$(f, f) = \frac{1}{n^2} \sum_{x,y \in C_n} \mathcal{F}f(x)\overline{\mathcal{F}f(y)}n\delta_{xy} = \frac{1}{n} \sum_{x \in C_n} \mathcal{F}f(x)\overline{\mathcal{F}f(x)}$$
$$= \frac{1}{n}(\mathcal{F}f, \mathcal{F}f). \qquad \square$$

系 1.4.8 $f, g \in L^2(C_n)$ について

$$(\mathcal{F}f, \mathcal{F}g) = n(f, g)$$

が成り立つ．

証明． $|\lambda| = 1$ をみたす勝手な複素数 λ をとり，$f + \lambda g$ に定理 1.4.7 を適用すると，

$$(\mathcal{F}(f + \lambda g), \mathcal{F}(f + \lambda g)) = n(f + \lambda g, f + \lambda g)$$

を得る．両辺を展開しよう．左辺は

$$(\mathcal{F}(f + \lambda g), \mathcal{F}(f + \lambda g))$$
$$= (\mathcal{F}f, \mathcal{F}f) + \lambda(\mathcal{F}g, \mathcal{F}f) + \overline{\lambda}(\mathcal{F}f, \mathcal{F}g) + (\mathcal{F}g, \mathcal{F}g)$$

と展開され，右辺は

$$(f + \lambda g, f + \lambda g) = (f, f) + \lambda(g, f) + \overline{\lambda}(f, g) + (g, g)$$

となる．第 2 式を n 倍して第 1 式から引くと，定理 1.4.7 から

$$\overline{\lambda}[(\mathcal{F}f, \mathcal{F}g) - n(f, g)] + \lambda[(\mathcal{F}g, \mathcal{F}f) - n(g, f)] = 0$$

を得る．ここで $\lambda = e^{it}$ (t は実数) とおいて，$\alpha = (\mathcal{F}f, \mathcal{F}g) - n(f, g)$，$\beta = (\mathcal{F}g, \mathcal{F}f) - n(g, f)$ と表すと

$$e^{-it}\alpha + e^{it}\beta = 0$$

14 第 1 章 有限巡回群上の離散 Fourier 変換

がすべての実数 t について成り立つことが分かる．すなわち

$$\alpha + e^{2it}\beta = 0 \quad (\forall t \in \mathbb{R})$$

が成り立つので，

$$\alpha = \beta = 0$$

でなければならない． □

　以下の節で用いる基本的な変換を準備しておく．

　定義 1.4.9 (1) $a \in \mathbb{Z}/n\mathbb{Z}$ について，線型写像

$$T_a : L^2(\mathbb{Z}/n\mathbb{Z}) \longrightarrow L^2(\mathbb{Z}/n\mathbb{Z})$$

を

$$(T_a f)(x) = f(x - a)$$

と定義する．

　(2) $$[\mathbb{Z}/n\mathbb{Z}]^\times = \{x \in \mathbb{Z}/n\mathbb{Z} \mid x \text{ と } n \text{ は互いに素}\}$$

と定義すると，$[\mathbb{Z}/n\mathbb{Z}]^\times$ は積について可換群となる．このとき，$a \in [\mathbb{Z}/n\mathbb{Z}]^\times$ について，線型写像

$$D_a : L^2(\mathbb{Z}/n\mathbb{Z}) \longrightarrow L^2(\mathbb{Z}/n\mathbb{Z})$$

を

$$(D_a f)(x) = f(ax)$$

と定義する．

　作用素 T_a と D_a および

$$\iota : L^2(C_n) \longrightarrow L^2(C_n), \quad (\iota f)(x) = f(-x)$$

について次の補題が成り立つ．

　補題 1.4.10 (1) $$T_a f = \delta_a * f = f * \delta_a.$$
　(2) $\zeta_n = \exp\left(\dfrac{2\pi i}{n}\right)$ とおくと，

$$\mathcal{F}(T_a f)(x) = \zeta_n^{-ax} \mathcal{F}f(x).$$

　(3) $$\mathcal{F}(D_a f)(x) = D_{a^{-1}}(\mathcal{F}f)(x).$$

　(4) $$\mathcal{F}(\iota f) = \iota(\mathcal{F}f).$$

証明. (1) 例 1.2.5 で既に説明済み.

(2) 定義にしたがって計算すると,

$$\mathcal{F}(T_a f)(x) = \sum_{y \in C_n} T_a f(y) \zeta_n^{-xy} = \sum_{y \in C_n} f(y-a) \zeta_n^{-xy}$$

となる. ここで $z = y - a$ と変数変換すれば

$$\mathcal{F}(T_a f)(x) = \sum_{z \in C_n} f(z) \zeta_n^{-x(z+a)} = \zeta_n^{-ax} \sum_{z \in C_n} f(z) \zeta_n^{-xz}$$

$$= \zeta_n^{-ax} \mathcal{F}f(x).$$

(3) 定義にしたがって計算すると,

$$\mathcal{F}(D_a f)(x) = \sum_{y \in C_n} D_a f(y) \zeta_n^{-xy} = \sum_{y \in C_n} f(ay) \zeta_n^{-xy}$$

を得る. ここで $z = ay$ と変数変換すれば

$$\mathcal{F}(D_a f)(x) = \sum_{z \in C_n} f(z) \zeta_n^{-(a^{-1}x)z} = \mathcal{F}f(a^{-1}x) = D_{a^{-1}}(\mathcal{F}f)(x).$$

(4) 定義にしたがって計算すると,

$$\mathcal{F}(\iota f)(x) = \sum_{y \in C_n} \iota f(y) \zeta_n^{-xy} = \sum_{y \in C_n} f(-y) \zeta_n^{-xy}$$

となる. ここで $z = -y$ と変数変換すれば

$$\mathcal{F}(\iota f)(x) = \sum_{y \in C_n} f(-y) \zeta_n^{-xy} = \sum_{z \in C_n} f(z) \zeta_n^{xz}$$

を得る. 一方, 定義から

$$\mathcal{F}f(x) = \sum_{z \in C_n} f(y) \zeta_n^{-xz}$$

なので

$$\iota(\mathcal{F}f)(x) = \mathcal{F}f(-x) = \sum_{z \in C_n} f(z) \zeta_n^{xz}$$

となり, 上で求めた式と比較すれば, 求める等式がしたがう. $\qquad\square$

1.5 離散等周問題

複素平面 $\mathbb{C}$ 上の互いに相異なる点 $\{z(0), \cdots, z(n-1)\}$ を頂点とする, 凸 n 角形 P_n を考える. ここで多角形 Ω が凸であるとは, Ω に属する任意の 2

点を結ぶ線分が Ω に含まれることと定義する．n 個のすべての辺の長さが a に等しいとき，どのような形の P_n の面積が最大となるのであろうか．これは次の章で扱う「等周問題 (Dido の問題)」の離散版である．この節では，離散 Fourier 変換の応用として，次の定理を示す．

定理 1.5.1 上記の凸多角形 P_n の面積を A_n で表すとき，
$$\frac{A_n}{L^2} \leq \frac{1}{4n} \cot \frac{\pi}{n}$$
が成り立つ．ここで L は P_n の周の長さ，すなわち $L = na$ である．さらに等号が成立するための必要十分条件は，P_n は正 n 角形であることである．

以下，簡単のため，P_n は原点 O を含むとし，頂点 $\{z(0), \cdots, z(n-1)\}$ は原点を基準にして反時計回りに番号付けられているとする．

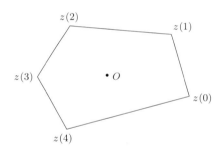

また計算を容易にするため，頂点番号 $\{0, 1, \cdots, n-1\}$ を $\mathbb{Z}/n\mathbb{Z}$ の元と思うことにしよう．まず P_n の面積 A_n を求める．

補題 1.5.2 $n = 3$ のとき
$$A_3 = \frac{1}{2} \sum_{i=0}^{2} \mathrm{Im}[\overline{z(j)} z(j+1)]$$
となる．

注意 1.5.3 記号の約束にしたがえば，$z(3)$ は $z(0)$ なので
$$A_3 = \frac{1}{2}(\mathrm{Im}[\overline{z(0)}z(1)] + \mathrm{Im}[\overline{z(1)}z(2)] + \mathrm{Im}[\overline{z(2)}z(0)])$$
である．

証明． 原点 $O = (0,0)$, $A = (a_1, a_2)$, $B = (b_1, b_2)$ を頂点とする三角形の

面積 S は

$$S = \frac{1}{2}\left|\det\begin{pmatrix} a_1 & a_2 \\ b_1 & b_2 \end{pmatrix}\right| = \frac{1}{2}|a_1 b_2 - a_2 b_1|$$

で与えられる, という事実を用いる. 特に, ベクトル $\overrightarrow{OA}$ を反時計回りに回転してベクトル $\overrightarrow{OB}$ に重ねられるとき (すなわち頂点 O, A, B が, 三角形の内部の点から見て, この順番に反時計回りに並んでいるとき), $a_1 b_2 - a_2 b_1 > 0$ となるので

$$S = \frac{1}{2}(a_1 b_2 - a_2 b_1) \tag{1.13}$$

が成り立つ.

(1) $z(0) = 0$ と仮定し, $z(1) = x_1 + iy_1$, $z(2) = x_2 + iy_2$ とおく. 頂点 $\{z(0), z(1), z(2)\}$ は, 内部の点から見て反時計回りに番号付けられているので, 上の公式から

$$A_3 = \frac{1}{2}(x_1 y_2 - x_2 y_1) = \frac{1}{2}\mathrm{Im}[\overline{z(1)}z(2)].$$

(2) 一般の場合を考える. 平行移動により $z(0)$ を原点に移そう. すなわち, $w(k) = z(k) - z(0)\,(k = 0, 1, 2)$ とすると $w(0) = 0$ となるので, まず (1) の結果から

$$A_3 = \frac{1}{2}\mathrm{Im}[\overline{w(1)}w(2)] \tag{1.14}$$

を得る. 一般の場合の証明のポイントは, $\mathrm{Im}(\overline{w}) = -\mathrm{Im}(w)\,(w \in \mathbb{C})$ から導かれる等式

$$\mathrm{Im}[\overline{z(k)}z(l)] = -\mathrm{Im}[\overline{z(l)}z(k)] \tag{1.15}$$

である. 実際,

$$\begin{aligned}
\overline{w(1)}w(2) &= (\overline{z(1)} - \overline{z(0)})(z(2) - z(0)) \\
&= \overline{z(1)}z(2) - \overline{z(1)}z(0) - \overline{z(0)}z(2) + \overline{z(0)}z(0)
\end{aligned}$$

と計算されるが, (1.15) より

$$\mathrm{Im}[\overline{z(1)}z(0)] = -\mathrm{Im}[\overline{z(0)}z(1)], \quad \mathrm{Im}[\overline{z(0)}z(2)] = -\mathrm{Im}[\overline{z(2)}z(0)]$$

となり, $\overline{z(0)}z(0) = |z(0)|^2$ は実数であることに注意して

$$\mathrm{Im}[\overline{w(1)}w(2)] = \mathrm{Im}[\overline{z(1)}z(2)] + \mathrm{Im}[\overline{z(0)}z(1)] + \mathrm{Im}[\overline{z(2)}z(0)]$$

が分かり，これを (1.14) に代入すれば求める等式がしたがう． □

命題 1.5.4 $n \geq 3$ のとき
$$A_n = \frac{1}{2} \sum_{i=0}^{n-1} \text{Im}[\overline{z(j)} z(j+1)]$$
となる．

証明． 頂点 $z(0)$ と $n-2$ 個の頂点 $\{z(2), \cdots, z(n-2)\}$ を辺で結んで，P_n を $n-2$ 個の三角形に分割し，各々の三角形に補題 1.5.2 を適用すればよい．計算のポイントは (1.15) である．ここでは例として $n=4$ の場合を示す．

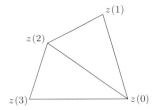

$z(0)$ と $z(2)$ を辺で結んで 4 角形 P_4 を 2 個の 3 角形 $\triangle z(0)z(1)z(2)$ と $\triangle z(0)z(2)z(3)$ に分割する．それぞれの面積を S_1, S_2 と表すと補題 1.5.2 から，
$$S_1 = \frac{1}{2}(\text{Im}[\overline{z(0)}z(1)] + \text{Im}[\overline{z(1)}z(2)] + \text{Im}[\overline{z(2)}z(0)]),$$
$$S_2 = \frac{1}{2}(\text{Im}[\overline{z(0)}z(2)] + \text{Im}[\overline{z(2)}z(3)] + \text{Im}[\overline{z(3)}z(0)])$$
となるが，ここで (1.15) を用いると，
$$\text{Im}[\overline{z(2)}z(0)] = -\text{Im}[\overline{z(0)}z(2)]$$
となるので，S_1 と S_2 を加えて求める結果を得る．一般の場合も同様である． □

以下，面積の関数 A_n を離散 Fourier 変換を用いて解析する．そのために P_n の頂点の座標を $\mathbb{Z}/n\mathbb{Z}$ 上の関数
$$z : \mathbb{Z}/n\mathbb{Z} \longrightarrow \mathbb{C}$$
と思うことにする．

補題 1.5.5　　　$A_n = \dfrac{1}{2n} \displaystyle\sum_{x \in \mathbb{Z}/n\mathbb{Z}} \sin\left(\dfrac{2\pi x}{n}\right) |\mathcal{F}z(x)|^2$

証明. 定義 1.4.1 より

$$z(x+1) = T_{-1}z(x)$$

と表されるので

$$\sum_{x \in \mathbb{Z}/n\mathbb{Z}} \overline{z(x)}z(x+1) = \sum_{x \in \mathbb{Z}/n\mathbb{Z}} \overline{z(x)}T_{-1}z(x) = (T_{-1}z, z)$$

となり，さらに Planchrel の公式 (定理 1.4.7) を適用すれば

$$\sum_{x \in \mathbb{Z}/n\mathbb{Z}} \overline{z(x)}z(x+1) = \frac{1}{n}(\mathcal{F}(T_{-1}z), \mathcal{F}z)$$

を得る．補題 1.4.10(2) より

$$\mathcal{F}(T_{-1}z)(x) = \zeta_n^x \mathcal{F}z(x)$$

なので

$$
\begin{aligned}
(\mathcal{F}(T_{-1}z), \mathcal{F}z) &= \sum_{x \in \mathbb{Z}/n\mathbb{Z}} \mathcal{F}(T_{-1}z)(x)\overline{\mathcal{F}z(x)} \\
&= \sum_{x \in \mathbb{Z}/n\mathbb{Z}} \zeta_n^x \mathcal{F}z(x)\overline{\mathcal{F}z(x)} \\
&= \sum_{x \in \mathbb{Z}/n\mathbb{Z}} \zeta_n^x |\mathcal{F}z(x)|^2
\end{aligned}
$$

が分かる．今までの計算を整理すると，

$$\sum_{x \in \mathbb{Z}/n\mathbb{Z}} \overline{z(x)}z(x+1) = \frac{1}{n} \sum_{x \in \mathbb{Z}/n\mathbb{Z}} \zeta_n^x |\mathcal{F}z(x)|^2 \tag{1.16}$$

が示された．この式を命題 1.5.4 の式に代入すると

$$
\begin{aligned}
A_n &= \frac{1}{2} \sum_{x \in \mathbb{Z}/n\mathbb{Z}} \mathrm{Im}[\overline{z(x)}z(x+1)] = \frac{1}{2}\mathrm{Im}[\sum_{x \in \mathbb{Z}/n\mathbb{Z}} \overline{z(x)}z(x+1)] \\
&= \frac{1}{2n}\mathrm{Im}[\sum_{x \in \mathbb{Z}/n\mathbb{Z}} \zeta_n^x |\mathcal{F}z(x)|^2] \\
&= \frac{1}{2n} \sum_{x \in \mathbb{Z}/n\mathbb{Z}} (\mathrm{Im}\zeta_n^x) |\mathcal{F}z(x)|^2 = \frac{1}{2n} \sum_{x \in \mathbb{Z}/n\mathbb{Z}} \sin\left(\frac{2\pi x}{n}\right) |\mathcal{F}z(x)|^2
\end{aligned}
$$

を得る．　　　　　　　　　　　　　　　　　　　　　　　　　　　　　□

20　第 1 章　有限巡回群上の離散 Fourier 変換

命題 1.5.6
$$A_n \leq \frac{1}{2}\|z\|^2 = \frac{1}{2}\sum_{x \in \mathbb{Z}/n\mathbb{Z}}|z(x)|^2$$

が成り立つ.

証明.
$$\left|\sin\left(\frac{2\pi x}{n}\right)\right| \leq 1 \quad (\forall x \in \mathbb{Z}/n\mathbb{Z})$$
より, 補題 1.5.5 と Planchrel 公式 (定理 1.4.7) から
$$A_n \leq \frac{1}{2n}\sum_{x \in \mathbb{Z}/n\mathbb{Z}}|\mathcal{F}z(x)|^2 = \frac{1}{2n}\|\mathcal{F}z\|^2 = \frac{1}{2}\|z\|^2$$
となる. □

補題 1.5.7　$L = na$ とおくと
$$L^2 = 4\sum_{x \in \mathbb{Z}/n\mathbb{Z}}\left(\sin\left(\frac{\pi x}{n}\right)\right)^2|\mathcal{F}z(x)|^2$$

が成り立つ.

注意 1.5.8　$\sin\left(\frac{\pi 0}{n}\right) = 0$ より, 上の等式は
$$L^2 = 4\sum_{x=1}^{n-1}\left(\sin\left(\frac{\pi x}{n}\right)\right)^2|\mathcal{F}z(x)|^2$$

と書き直すことができる.

証明.　まず P_n の辺の長さはすべて a に等しいので
$$|z(x+1) - z(x)| = a \quad (\forall x \in \mathbb{Z}/n\mathbb{Z})$$
が成り立つことに注意する. したがって $f = T_{-1}z - z$ とすれば,
$$\frac{L^2}{n} = na^2 = \sum_{x \in \mathbb{Z}/n\mathbb{Z}}|z(x+1) - z(x)|^2 = \sum_{x \in \mathbb{Z}/n\mathbb{Z}}|(T_{-1}z)(x) - z(x)|^2 = (f, f)$$
を得る. さらに Planchrel の公式 (定理 1.4.7) を用いると
$$\frac{L^2}{n} = (f, f) = \frac{1}{n}(\mathcal{F}f, \mathcal{F}f)$$
となるので
$$L^2 = (\mathcal{F}f, \mathcal{F}f)$$
がしたがう. 右辺を計算しよう. 補題 1.4.10(2) より,

$$\mathcal{F}(T_{-1}z)(x) = \zeta_n^x \mathcal{F}z(x)$$

なので,

$$\mathcal{F}f(x) = \mathcal{F}(T_{-1}z)(x) - \mathcal{F}z(x) = (\zeta_n^x - 1)\mathcal{F}z(x)$$

となり,

$$(\mathcal{F}f, \mathcal{F}f) = \sum_{x \in \mathbb{Z}/n\mathbb{Z}} |\mathcal{F}f(x)|^2 = \sum_{x \in \mathbb{Z}/n\mathbb{Z}} |\zeta_n^x - 1|^2 |\mathcal{F}z(x)|^2$$

と変形される. ここで $\zeta_n^x = \exp\left(\dfrac{2\pi i x}{n}\right) = \cos\left(\dfrac{2\pi x}{n}\right) + i\sin\left(\dfrac{2\pi x}{n}\right)$ より,

$$|\zeta_n^x - 1|^2 = \left(1 - \cos\left(\frac{2\pi x}{n}\right)\right)^2 + \left(\sin\left(\frac{2\pi x}{n}\right)\right)^2 = 2\left(1 - \cos\left(\frac{2\pi x}{n}\right)\right)$$
$$= 4\sin\left(\frac{\pi x}{n}\right)^2$$

となる. ただし最後の変形で倍角公式

$$\cos(2\theta) = 1 - 2\sin^2\theta$$

を用いた. 以上の計算をまとめると

$$L^2 = (\mathcal{F}f, \mathcal{F}f) = 4 \sum_{x \in \mathbb{Z}/n\mathbb{Z}} \sin\left(\frac{\pi x}{n}\right)^2 |\mathcal{F}z(x)|^2$$

となり, 主張が示された. □

命題 1.5.9

$$L^2 - 4nA_n \tan\left(\frac{\pi}{n}\right)$$
$$= 4\sum_{x=2}^{n-1} |\mathcal{F}z(x)|^2 \sin\left(\frac{\pi x}{n}\right)\left[\sin\left(\frac{\pi x}{n}\right) - \tan\frac{\pi}{n}\cos\left(\frac{\pi x}{n}\right)\right]$$

が成り立つ.

証明. 補題 1.5.5 に倍角公式を適用すると, $\sin 0 = 0$ より

$$A_n = \frac{1}{2n} \sum_{x \in \mathbb{Z}/n\mathbb{Z}} \sin\left(\frac{2\pi x}{n}\right)|\mathcal{F}z(x)|^2 = \frac{1}{n}\sum_{x=1}^{n-1} \sin\left(\frac{\pi x}{n}\right)\cos\left(\frac{\pi x}{n}\right)|\mathcal{F}z(x)|^2$$

となるが,

$$\sin\left(\frac{\pi}{n}\right) - \tan\frac{\pi}{n}\cos\left(\frac{\pi}{n}\right) = 0$$

に注意すれば, 主張はこの式と補題 1.5.7 (注意 1.5.8 も参照) から直ちにした
がう. □

22　第 1 章　有限巡回群上の離散 Fourier 変換

　　証明 (定理 1.5.1 の証明). 主張する不等式は

$$L^2 \geq 4nA_n \tan\left(\frac{\pi}{n}\right)$$

と同値であるので，命題 1.5.9 から $2 \leq x \leq n-1$ について

$$\sin\left(\frac{\pi x}{n}\right)\left[\sin\left(\frac{\pi x}{n}\right) - \tan\frac{\pi}{n}\cos\left(\frac{\pi x}{n}\right)\right] > 0 \tag{1.17}$$

が成り立つことを確認すればよい．そこで，

$$
\begin{aligned}
&\sin\left(\frac{\pi x}{n}\right)\left[\sin\left(\frac{\pi x}{n}\right) - \tan\frac{\pi}{n}\cos\left(\frac{\pi x}{n}\right)\right] \\
&= \left(\sin\left(\frac{\pi x}{n}\right)\right)^2\left[1 - \tan\left(\frac{\pi}{n}\right)\Big/\tan\left(\frac{\pi x}{n}\right)\right]
\end{aligned}
\tag{1.18}
$$

と変形する．$\tan\theta$ は $(0, \pi)$ で正の値をとる狭義単調増加であるため，

$$\tan\left(\frac{\pi x}{n}\right) > \tan\left(\frac{\pi}{n}\right) \quad (\forall x = 2, \cdots, n-1)$$

が成り立ち，また

$$\sin\left(\frac{\pi x}{n}\right) \neq 0 \quad (\forall x = 2, \cdots, n-1)$$

なので，

$$\left(\sin\left(\frac{\pi x}{n}\right)\right)^2\left[1 - \tan\left(\frac{\pi}{n}\right)\Big/\tan\left(\frac{\pi x}{n}\right)\right] > 0 \quad (\forall x = 2, \cdots, n-1) \tag{1.19}$$

となり，これと (1.18) から求める不等式 (1.17) を得る．以上により，

$$L^2 \geq 4nA_n \tan\left(\frac{\pi}{n}\right)$$

が示された．次に等式

$$L^2 = 4nA_n \tan\left(\frac{\pi}{n}\right)$$

が成り立つとしよう．命題 1.5.9 から

$$\sum_{x=2}^{n-1} |\mathcal{F}z(x)|^2 \sin\left(\frac{\pi x}{n}\right)\left[\sin\left(\frac{\pi x}{n}\right) - \tan\frac{\pi}{n}\cos\left(\frac{\pi x}{n}\right)\right] = 0$$

を得るが，(1.17) を考慮すると

$$\mathcal{F}z(x) = 0 \quad (\forall x = 2, \cdots, n-1)$$

が成立しなければならない．すなわちある複素数 c_0 と c_1 を用いて

$$\mathcal{F}z = c_0\delta_0 + c_1\delta_1$$

と表されることが分かる．これに反転公式 (定理 1.4.5) を用いると

$$z(x) = \frac{1}{n}\mathcal{F}(\mathcal{F}z)(-x) = \frac{1}{n}[c_0\mathcal{F}\delta_0(-x) + c_1\mathcal{F}\delta_1(-x)]$$

を得るが,
$$\mathcal{F}\delta_a(-x) = \exp\left(\frac{2\pi i a x}{n}\right) \quad (x \in \mathbb{Z}/n\mathbb{Z})$$

なので,P_n の頂点の座標 $z(x)$ $(0 \leq x \leq n-1)$ は
$$z(x) = \frac{1}{n}[c_0\mathcal{F}\delta_0(-x) + c_1\mathcal{F}\delta_1(-x)] = \frac{c_0}{n} + \frac{c_1}{n}\exp\left(\frac{2\pi i x}{n}\right)$$

となる.つまり P_n は $\dfrac{c_0}{n}$ を重心とする正 n 角形でなければならない.

$n=5$ のとき

□

n を大きくしたとき P_n は「曲線で囲まれた凸領域」に近づき,周の長さが L に固定された正 n 角形は「円」に近づくであろう.また $h = 1/n$ とおくと
$$\lim_{n\to\infty}\frac{1}{4n}\cot\frac{\pi}{n} = \frac{1}{4}\lim_{h\to 0}h\cot\pi h = \frac{1}{4\pi}$$
となることから,定理 1.5.1 より次の事実が予想される.

予想 1.5.10 長さ L の曲線で囲まれた凸領域 P の面積を A とすると,
$$A \leq \frac{L^2}{4\pi}$$
が成り立つ.また等号が成立するときは,P は円で囲まれた領域となる.

この予想は,「Dido の問題」あるいは「等周問題」とよばれる古典的な問題である.予想 1.5.10 の証明は,第 2 章 9 節で周期関数の Fourier 変換理論を用いて解説される (定理 2.9.5 参照).

1.6 Gauss 和

p を素数とすると,$\mathbb{F}_p = \mathbb{Z}/p\mathbb{Z}$ は可換体になることは良く知られているが,$\mathbb{F}_p$ にかんする基本的な事実を復習する.

24 第 1 章 有限巡回群上の離散 Fourier 変換

補題 1.6.1 (1) $x, y \in \mathbb{F}_p$ について

$$(x + y)^p = x^p + y^p$$

が成り立つ.

(2)（Fermat の小定理）$a \in \mathbb{F}_p$ について

$$a^p = a$$

が成り立つ. さらに $a \neq 0$ のときは

$$a^{p-1} = 1$$

となる.

証明. (1) 2 項係数は合同関係式

$$\binom{p}{i} \equiv 0 \pmod{p} \quad (1 \leq i \leq p - 1)$$

をみたすので，$x, y \in \mathbb{F}_q$ のとき，2 項展開の公式から

$$(x + y)^p = \sum_{i=0}^{p} \binom{p}{i} x^p y^{p-i} = x^p + y^p + \sum_{i=1}^{p-1} \binom{p}{i} x^p y^{p-i} \tag{1.20}$$

$$= x^p + y^p.$$

(2) $a = 0, 1, \cdots, p - 1 \in \mathbb{F}_p$ について $a^p \equiv a \pmod{p}$ が成り立つことを示せばよい. $a = 0, 1$ のときは自明である. $a^p \equiv a \pmod{p}$ を仮定して，$(a + 1)^p \equiv a + 1 \pmod{p}$ を示す. 以下，計算は $\mathbb{F}_p$ で行う（したがって合同記号 "≡" ではなく等号 "=" を用いる）. 等式 (1.20) を用いると

$$(a + 1)^p = a^p + 1^p = a + 1 \in \mathbb{F}_p.$$

また $a(a^{p-1} - 1) = a^p - a = 0$ より，$a \neq 0$ であれば $a^{p-1} = 1$ となり，主張が得られる. □

$\mathbb{F}_p^\times = \mathbb{F}_p \setminus \{0\}$ とおくと，$\mathbb{F}_p^\times$ は乗法により可換群となる. 補題 1.6.1 から $\mathbb{F}_p^\times$ の任意の元の位数は $p - 1$ の約数であることが分かるが，じつは次に述べる Frobenius の定理から，$\mathbb{F}_p^\times$ は位数 $p - 1$ の巡回群 C_{p-1} と同型であることが知られている.

命題 1.6.2 (Frobenius の定理) $\mathbb{F}_p^\times$ は位数 $p-1$ の巡回群 C_{p-1} と同型である. より詳しく述べると, 正の整数 m に対して,

$$\mu_m(\mathbb{F}_p) = \{x \in \mathbb{F}_p \mid x^m = 1\}$$

とおいたとき,

$$\mathbb{F}_p^\times = \mu_{p-1}(\mathbb{F}_p) \simeq C_{p-1}$$

が成立する.

証明. $\mathbb{F}_p^\times$ の中の最大位数の元の一つを γ とおき, その位数を d とする. $d = p-1$ が示されればよい. 実際この等式が成り立つとすると, γ の生成する $\mathbb{F}_p^\times$ の部分群は C_{p-1} と同型となり, $\mu_{p-1}(\mathbb{F}_p)$ と一致する. したがって, 位数を比較すると

$$\mathbb{F}_p^\times = \mu_{p-1}(\mathbb{F}_p) \simeq C_{p-1}$$

がしたがう. Fermat の小定理と補題 1.11.1(付録) から, d は $p-1$ の約数でなければならないが, ここで有限可換群にかんする次の基本的な事実を用いる.

事実 1.6.3 (章末の付録：命題 1.11.4) G を有限位数の可換群とし, G の元の位数の最大値を f とする. このとき, 勝手な G の元 x の位数は f の約数となる.

この事実を $\mathbb{F}_p^\times$ に適用すれば

$$x^d = 1 \quad (\forall x \in \mathbb{F}_p^\times)$$

が成り立つ. しかしこの方程式は d 個の解しか持たないので, $|\mathbb{F}_p^\times| \le d$ となり,

$$p - 1 = |\mathbb{F}_p^\times| \le d \le p - 1,$$

すなわち $d = p-1$ がしたがう. $\qquad\square$

Frobenius の定理から, $\mathbb{F}_p^\times$ の生成元 γ が存在し, 写像

$$e_\gamma : C_{p-1} \longrightarrow \mathbb{F}_p^\times, \quad e_\gamma(x) = \gamma^x$$

が同型となる (この写像は γ を底にもつ**離散指数写像**とよばれる). これを用いて指標群の同型

$$e_\gamma^* : \check{\mathbb{F}}_p^\times \longrightarrow \check{C}_{p-1}, \quad e_\gamma^*(\chi)(x) = \chi(e_\gamma(x)) \quad (x \in \mathbb{F}_p^\times)$$

が得られる．(1.9) から $\check{\mathbb{F}}_p^{\times}$ は $p-1$ 次巡回群 C_{p-1} と同型であることがわかり，その要素は

$$\chi_a = (e_{\gamma}^*)^{-1}(\varepsilon_a) \quad (0 \le a \le p-2)$$

で与えられる．とくに χ_0 は自明な指標であり，命題 1.3.3 から $\{\chi_0, \cdots, \chi_{p-2}\}$ は $L^2(\mathbb{F}_p^{\times})$ の直交基底となる．各 χ_a を

$$\chi_a(0) = \begin{cases} 0 & (1 \le a \le p-2) \\ 1 & (a=0) \end{cases}$$

により $\mathbb{F}_p$ 上の関数に拡張し，同じ記号で表すことにする．

定義 1.6.4 $\mathbb{F}_p$ 上の関数に拡張された指標の集まり $\{\chi_0, \cdots, \chi_{p-2}\}$ を $X(\mathbb{F}_p^{\times})$ で表し，全単射

$$C_{p-1} \simeq X(\mathbb{F}_p^{\times}), \quad a \longmapsto \chi_a$$

を用いて，C_{p-1} における積から $X(\mathbb{F}_p^{\times})$ の群構造を定義する．すなわち，次のように $X(\mathbb{F}_p^{\times})$ の単位元と積を定義する．

(1) χ_0 を単位元とする．
(2) 積を

$$\chi_a \chi_b = \chi_{a+b}$$

と定義する．

これにより $X(\mathbb{F}_p^{\times})$ は $p-1$ 次巡回群と同型な可換群となり，$\mathbb{F}_p^{\times}$ の**拡張された指標群**とよぶことにする．

注意 1.6.5 定義 1.6.4 による積は，$\mathbb{F}_p$ 上の関数の積とは一致しない．実際 $a \ne 0$ に対して，χ_a と χ_{-a} は非自明な指標なので $\chi_a(0) = \chi_{-a}(0) = 0$ として $\mathbb{F}_p$ 上に拡張され，関数としてのこれらの積は，

$$\chi_a \chi_{-a}(0) = 0$$

となる．一方定義 1.6.4(2) により，$\chi_a \chi_{-a} = \chi_0$ となるが，拡張の定義から $\chi_0(0) = 1$ である．したがって定義 1.6.4 で定義された積は「記号上の積」であり，「$\mathbb{F}_p$ 上関数としての積」ではない．この注意は後で説明する Jacobi 和の計算を実行する上で重要である．

拡張された指標にかんする基本的な事実を整理しておく.

補題 1.6.6 $\chi \in X(\mathbb{F}_p^\times)$ について, 次の事実が成り立つ.

(1) $$\overline{\chi}(-1) = \chi(-1) = \pm 1.$$

(2) $$\overline{\chi} = \chi^{-1}.$$

証明. (1) $$\chi(-1)^2 = \chi((-1)^2) = \chi(1) = 1$$
より $\chi(-1) = \pm 1$ となり, 主張が得られる.

(2) $\chi = \chi_0$ のときは明らかなので, $\chi \neq \chi_0$ とする. このとき $\overline{\chi}$ と χ^{-1} は, いずれも 1 とは異なるので, 定義から

$$\overline{\chi}(0) = \chi^{-1}(0) = 0.$$

したがって $x \in \mathbb{F}_q^\times$ について

$$\overline{\chi}(x) = \chi^{-1}(x)$$

を確認すればよいが, $\chi(x) \in \mu_{p-1}$ より

$$\chi(x)\overline{\chi}(x) = |\chi(x)|^2 = 1$$

となり主張が得られる. $\qquad\qquad\square$

補題 1.6.7 $\chi \in \{\chi_0, \cdots, \chi_{p-2}\}$ について

$$\sum_{x \in \mathbb{F}_p} \chi(x) = \begin{cases} 0 & (\chi \neq \chi_0) \\ p & (\chi = \chi_0) \end{cases}$$

が成立する.

証明. 2 番目の式は直ちに確認されるので, 最初の式を証明する. $a = 1, \cdots, p-2$ とすると, 拡張の定義から $\chi_a(0) = 0$ なので,

$$\sum_{x \in \mathbb{F}_p} \chi_a(x) = \sum_{x \in \mathbb{F}_p^\times} \chi_a(x)$$

となる. χ_a は非自明なので, $\chi_a(y) \neq 1$ となる $y \in \mathbb{F}_p^\times$ が存在する. ここで $x = xy$ と変数変換すると

$$\sum_{x \in \mathbb{F}_p^\times} \chi_a(x) = \sum_{x \in \mathbb{F}_p^\times} \chi_a(xy) = \chi_a(y) \sum_{x \in \mathbb{F}_p^\times} \chi_a(x)$$

28　第 1 章　有限巡回群上の離散 Fourier 変換

を得る．すなわち

$$(\chi_a(y) - 1) \sum_{x \in \mathbb{F}_p^\times} \chi_a(x) = 0$$

が分かるが，$\chi_a(y) \neq 1$ より $\sum_{x \in \mathbb{F}_p^\times} \chi_a(x) = 0$ がしたがう．　　　□

定義 1.6.8　写像

$$\psi : \mathbb{F}_p \longrightarrow \mathbb{C}^\times$$

を

$$\psi(x) = \zeta_p^x, \quad \zeta_p = \exp\left(\frac{2\pi i}{p}\right)$$

と定義する．

$$\psi(x + y) = \psi(x)\psi(y), \quad \psi(0) = 1 \tag{1.21}$$

となるので ψ は指標となる（ψ は**加法的指標**とよばれる）．

補題 1.6.9　(1)　　　　　　$\overline{\psi(x)} = \psi(-x)$.

(2)　　　　　　$\displaystyle\sum_{x \in \mathbb{F}_p} \psi(x) = \sum_{x \in \mathbb{F}_p} \zeta_p^x = 0$.

(3)　　　$\displaystyle\frac{1}{p} \sum_{x \in \mathbb{F}_p} \psi(x(\alpha - \beta)) = \begin{cases} 0 & (\alpha \neq \beta) \\ 1 & (\alpha = \beta) \end{cases}$

証明. (1)　　　　　　$\overline{\psi(x)} = \overline{\zeta_p^x} = \zeta_p^{-x} = \psi(-x)$.

(2) $\alpha \neq 0 \in \mathbb{F}_p$ をとり固定する．$x = x + \alpha$ と変数変換すると，(1.21) から

$$\sum_{x \in \mathbb{F}_p} \psi(x) = \sum_{x \in \mathbb{F}_p} \psi(x + \alpha) = \psi(\alpha) \sum_{x \in \mathbb{F}_p} \psi(x)$$

が分かる．つまり

$$(\psi(\alpha) - 1) \sum_{x \in \mathbb{F}_p} \psi(x) = 0$$

となるが，$\psi(\alpha) \neq 1$ より求める等式を得る．

(3) (2) と

$$\psi(0) = 1$$

からしたがう．　　　　　　　　　　　　　　　　　　　　　　□

定義 1.6.10 (Gauss 和) $\chi \in X(\mathbb{F}_p^\times)$ および $\alpha \in \mathbb{F}_p$ について Gauss 和を

$$g_\alpha(\chi) = \sum_{x \in \mathbb{F}_p} \chi(x)\psi(\alpha x)$$

と定義する. 特に $\alpha = 1$ のときは $g_1(\chi) = g(\chi)$ と表す:

$$g(\chi) = \sum_{x \in \mathbb{F}_p} \chi(x)\psi(x) = \sum_{x \in \mathbb{F}_p} \chi(x)\zeta_p^x.$$

このとき, $g(\chi)$ は離散 Fourier 変換を用いて,

$$g(\chi) = \mathcal{F}(\chi)(-1)$$

と表される.

例 1.6.11 χ が自明な指標である場合, すなわち $\chi = \chi_0$ のときは, 拡張の定義から

$$\chi_0(x) = 1 \quad (\forall x \in \mathbb{F}_p)$$

となるので, 補題 1.6.9(2) より

$$g(\chi_0) = \sum_{x \in \mathbb{F}_p} \psi(x) = 0.$$

上で述べたように Gauss 和 $g(\chi)$ は, 離散 Fourier 変換 $\mathcal{F}$ と作用素

$$\iota : L^2(C_n) \longrightarrow L^2(C_n), \quad (\iota f)(x) = f(-x)$$

を用いて

$$g(\chi) = \mathcal{F}(\chi)(-1) = (\iota\mathcal{F}(\chi))(1) \tag{1.22}$$

と表されるが, 離散 Fourier 変換の性質から次の結果が得られる.

定理 1.6.12 $\chi \in X(\mathbb{F}_p^\times)$ について, 次の事実が成り立つ.

(1) $$g(\overline{\chi}) = g(\chi^{-1}) = \chi(-1)\overline{g(\chi)}.$$

(2) $\chi \neq \chi_0$ のとき,

$$g(\chi)g(\overline{\chi}) = \chi(-1)p$$

が成り立つ. 特に (1) とあわせると,

$$|g(\chi)| = \sqrt{p}.$$

定理 1.6.12 の証明に必要な事実を準備する.

30　第 1 章　有限巡回群上の離散 Fourier 変換

命題 1.6.13　$\chi(\neq \chi_0) \in X(\mathbb{F}_p^{\times})$ について
$$(\iota\mathcal{F})(\chi)(x) = g(\chi)\overline{\chi}(x) \quad (\forall x \in \mathbb{F}_p) \tag{1.23}$$
が成り立つ.

　証明. まず $x \neq 0$ の場合を考察する. 定義から
$$(\iota\mathcal{F})(\chi)(x) = \sum_{y \in \mathbb{F}_p} \chi(y)\zeta_p^{xy}$$
である. ここで $z = xy$ と変数変換し, 補題 1.6.6(2) を用いて計算すれば
$$\sum_{y \in \mathbb{F}_p} \chi(y)\zeta_p^{xy} = \sum_{z \in \mathbb{F}_p} \chi(x^{-1}z)\zeta_p^z = \chi^{-1}(x)\sum_{z \in \mathbb{F}_p} \chi(z)\zeta_p^z = \overline{\chi}(x)g(\chi)$$
となり
$$(\iota\mathcal{F})(\chi)(x) = g(\chi)\overline{\chi}(x)$$
を得る. $x = 0$ のときは $\chi \neq \chi_0$ より, 補題 1.6.7 から
$$(\iota\mathcal{F})(\chi)(0) = \sum_{y \in \mathbb{F}_p} \chi(y) = 0$$
となる. 一方, $\overline{\chi} \neq \chi_0$ より, 指標の拡張の定義から $\overline{\chi}(0) = 0$ なので主張する等式が成り立つ. □

　証明 (定理 1.6.12 の証明). (1) 補題 1.6.6(2) から $\chi^{-1} = \overline{\chi}$ なので, 最初の等式は明らかである. 2 番目の等式を考察しよう. 離散 Fourier 変換の定義から
$$\overline{\mathcal{F}(\chi)(x)} = \overline{\sum_{y \in \mathbb{F}_p} \chi(y)\zeta_p^{-xy}} = \sum_{y \in \mathbb{F}_p} \overline{\chi}(y)\zeta_p^{xy}$$
となるが, $z = -y$ と変数変換すると
$$\overline{\mathcal{F}(\chi)(x)} = \sum_{z \in \mathbb{F}_p} \overline{\chi}(-z)\zeta_p^{-xz} = \overline{\chi}(-1)\sum_{z \in \mathbb{F}_p} \overline{\chi}(z)\zeta_p^{-xz} = \overline{\chi}(-1)(\mathcal{F}\overline{\chi})(x)$$
を得る. この式に $x = -1$ を代入すれば, (1.22) から
$$\overline{g(\chi)} = \overline{\chi}(-1)g(\overline{\chi})$$
を得る. ここで補題 1.6.6(1) からの帰結
$$\overline{\chi}(-1) = \chi(-1) = \pm 1$$

を両辺にかければ求める等式がしたがう.

(2) 命題 1.6.13 の等式に $\iota\mathcal{F}$ を施すと

$$(\iota\mathcal{F})(\iota\mathcal{F})(\chi) = g(\chi)(\iota\mathcal{F})(\overline{\chi})$$

を得る. まずこの右辺について考察する. $\overline{\chi} \neq \chi_0$ に命題 1.6.13 を用いると

$$(\iota\mathcal{F})(\overline{\chi}) = g(\overline{\chi})\chi$$

となることが分かるので, $g(\chi)$ を両辺にかけて

$$g(\chi)(\iota\mathcal{F})(\overline{\chi}) = g(\chi)g(\overline{\chi})\chi$$

となる. 一方, 左辺は補題 1.4.10(4) の等式 $\iota\mathcal{F} = \mathcal{F}\iota$ から,

$$(\iota\mathcal{F})(\iota\mathcal{F})(\chi) = \iota^2\mathcal{F}\mathcal{F}(\chi)$$

となる. ここで ι^2 は恒等写像に等しいので, 反転公式 (定理 1.4.5) を用いると

$$(\iota\mathcal{F})(\iota\mathcal{F})(\chi)(x) = p\chi(-x) = p\chi(-1)\chi(x)$$

となり,

$$(\iota\mathcal{F})(\iota\mathcal{F})(\chi) = p\chi(-1)\chi$$

を得る. 両辺を比較して

$$p\chi(-1)\chi = g(\chi)g(\overline{\chi})\chi$$

となるが, $\chi \neq 0$ なので求める等式が得られる. $\qquad\square$

一般の Gauss 和 $g_\alpha(\chi)$ は $g(\chi)$ を用いて表すことができる.

定理 1.6.14 $\chi \in X(\mathbb{F}_p^\times)$ と $\alpha \in \mathbb{F}_p$ について, 以下の事実が成り立つ.

$$g_\alpha(\chi) = \begin{cases} 0 & (\alpha = 0 \text{ かつ } \chi \neq \chi_0) \\ 0 & (\alpha \neq 0 \text{ かつ } \chi = \chi_0) \\ p & (\alpha = 0 \text{ かつ } \chi = \chi_0) \\ \chi(\alpha)^{-1}g(\chi) & (\alpha \neq 0 \text{ かつ } \chi \neq \chi_0) \end{cases}$$

証明. 場合に分けて証明する.

(1) $\alpha = 0$ とすると, $\psi(0) = 1$ より

$$g_0(\chi) = \sum_{x \in \mathbb{F}_p} \chi(x)$$

となるので，補題 1.6.7 から主張がしたがう．

(2) $\alpha \neq 0$ とする．$\chi = \chi_0$ のときは $\alpha t = x$ と変数変換して補題 1.6.9(2) を用いると，

$$g_\alpha(1) = \sum_{t \in \mathbb{F}_p} \psi(\alpha t) = \sum_{x \in \mathbb{F}_p} \psi(x) = 0.$$

$\chi \neq \chi_0$ とすると，拡張された指標の定義から $\chi(0) = 0$．したがって

$$g_\alpha(\chi) = \sum_{t \in \mathbb{F}_p} \chi(t)\psi(\alpha t) = \sum_{t \in \mathbb{F}_p^\times} \chi(t)\psi(\alpha t)$$

を得る．ここで $x = \alpha t$ と変数変換すると

$$g_\alpha(\chi) = \sum_{x \in \mathbb{F}_p^\times} \chi(\alpha^{-1}x)\psi(x) = \chi(\alpha)^{-1} \sum_{x \in \mathbb{F}_p^\times} \chi(x)\psi(x)$$
$$= \chi(\alpha)^{-1} g(\chi). \qquad \square$$

1.7 平方剰余の相互法則

奇素数 p について，次の問題を考える．

問題 1.7.1 $a \in \mathbb{F}_p^\times$ としたとき，方程式

$$x^2 = a \tag{1.24}$$

が $\mathbb{F}_p^\times$ の中に解をもつための a の条件は何か．

方程式 (1.24) が $\mathbb{F}_p^\times$ の中に解をもつとき，a は**平方剰余である**ということにする．Frobenius の定理から $\mathbb{F}_p^\times$ は $p-1$ 次巡回群であり，その生成元 γ を一つ固定する．Fermat の小定理から $\gamma^{p-1} = 1$ なので $\gamma^{(p-1)/2} = \pm 1$ となるが，生成元 γ の位数は $p-1$ に等しいので

$$\gamma^{\frac{p-1}{2}} = -1 \tag{1.25}$$

が成り立つ．整数 m を用いて $a = \gamma^m$ と表そう．このとき a が平方剰余であることは m が偶数であることに他ならないが，これは

$$a^{\frac{p-1}{2}} = 1$$

と同値である．実際 m が偶数のときは，$m = 2k$ とおいて計算すると，

$$a^{\frac{p-1}{2}} = (\gamma^{2k})^{\frac{p-1}{2}} = \gamma^{k(p-1)} = 1$$

を得る．一方，m が奇数のときは $m = 2l + 1$ とおいて，
$$a^{\frac{p-1}{2}} = (\gamma^{2l+1})^{\frac{p-1}{2}} = \gamma^{l(p-1)}\gamma^{\frac{p-1}{2}} = -1$$
となる．以上の考察から次の事実が証明された．

定理 1.7.2 $a \in \mathbb{F}_p^\times$ が平方剰余であるための必要十分条件は
$$a^{\frac{p-1}{2}} = 1$$
である．

$$\left(\frac{a}{p}\right) = a^{\frac{p-1}{2}}$$

と表し，この記号を **Legendre 記号**とよぶ．
$$\left(\frac{ab}{p}\right) = (ab)^{\frac{p-1}{2}} = a^{\frac{p-1}{2}} b^{\frac{p-1}{2}} = \left(\frac{a}{p}\right)\left(\frac{b}{p}\right), \quad \left(\frac{1}{p}\right) = 1^{\frac{p-1}{2}} = 1$$
より，
$$\left(\frac{\cdot}{p}\right) : \mathbb{F}_p^\times \longrightarrow \pm 1, \quad a \longmapsto \left(\frac{a}{p}\right)$$
は指標となる．

p と q を異なる奇素数とするとき，驚くべきことに p が $\mathbb{F}_q$ において平方剰余であることと，q が $\mathbb{F}_p$ において平方剰余になることは**独立ではない**．実際，Gauss により発見された次の事実が成り立つ．

定理 1.7.3 (平方剰余の相互律) p と q を互いに異なる奇素数とするとき，
$$\left(\frac{q}{p}\right)\left(\frac{p}{q}\right) = (-1)^{\frac{p-1}{2}\frac{q-1}{2}}$$
が成り立つ．

特に，p あるいは q のいずれかが 4 を法にして 1 と合同であれば
$$\left(\frac{q}{p}\right) = \left(\frac{p}{q}\right)$$
となる．以下，定理 1.7.3 を，離散 Fourier 変換と Gauss 和を用いて証明しよう．

34　第 1 章　有限巡回群上の離散 Fourier 変換

定義 1.7.4 奇素数 p について，$h_p \in L^2(\mathbb{F}_p)$ を

$$h_p(x) = \begin{cases} \left(\dfrac{x}{p}\right) & (x \neq 0) \\ 0 & (x = 0) \end{cases}$$

と定義し，h_p の Fourier 変換を $\hat{h}_p$ と表す．

補題 1.7.5 $a \in \mathbb{F}_p$ について，

$$\hat{h}_p(-a) = \hat{h}_p(-1)h_p(a)$$

が成り立つ．

証明. (1) $a \neq 0$ のとき．$h_p(0) = 0$ に注意して，離散 Fourier 変換 $\hat{h}_p$ の定義を書き下すと，

$$\hat{h}_p(-a) = \sum_{x \in \mathbb{F}_p^\times} h_p(x)\zeta_p^{ax} = \sum_{x \in \mathbb{F}_p^\times} \left(\frac{x}{p}\right)\zeta_p^{ax}$$

となる．$y = ax$ と変数変換すると，$x = a^{-1}y$ となり

$$\hat{h}_p(-a) = \sum_{y \in \mathbb{F}_p^\times} \left(\frac{a^{-1}y}{p}\right)\zeta_p^y = \left(\frac{a}{p}\right)^{-1} \sum_{y \in \mathbb{F}_p^\times} \left(\frac{y}{p}\right)\zeta_p^y = \left(\frac{a}{p}\right)^{-1}\hat{h}_p(-1)$$

がしたがうが，$\left(\dfrac{a}{p}\right) = \pm 1$ より，$\left(\dfrac{a}{p}\right)^{-1} = \left(\dfrac{a}{p}\right) = h_p(a)$ なので主張が得られる．

(2) $a = 0$ とする．

$$\hat{h}_p(0) = \sum_{x \in \mathbb{F}_p^\times} \left(\frac{x}{p}\right)$$

となるので，これが 0 に等しいことをいえばよい．$S = \displaystyle\sum_{x \in \mathbb{F}_p^\times} \left(\frac{x}{p}\right)$ とおき，$b \in \mathbb{F}_p^\times$ を

$$\left(\frac{b}{p}\right) = -1$$

をみたすように選ぶ（実際，$b \in \mathbb{F}_p^\times \setminus (\mathbb{F}_p^\times)^2$ ととれば Legendre 記号の定義から $\left(\dfrac{b}{p}\right) = -1$）．ここで $x = bz$ と変数変換すれば，

$$S = \sum_{x \in \mathbb{F}_p^\times} \left(\frac{x}{p}\right) = \sum_{z \in \mathbb{F}_p^\times} \left(\frac{bz}{p}\right) = \left(\frac{b}{p}\right) \sum_{z \in \mathbb{F}_p^\times} \left(\frac{z}{p}\right) = \left(\frac{b}{p}\right) S = -S$$

となり $S = 0$ が分かる. $\qquad\square$

h_p の Gauss 和を g で表すと

$$g = \sum_{x \in \mathbb{F}_p} h_p(x)\zeta_p^x = \hat{h}_p(-1). \tag{1.26}$$

$\overline{h_p} = h_p$ および $h_p(-1) = (-1)^{\frac{p-1}{2}}$ に注意すると, 定理 1.6.12(2) から次の命題が得られる.

命題 1.7.6 $\qquad\qquad g^2 = (-1)^{\frac{p-1}{2}} p.$

これからの計算を簡単にするため,

$$p^* = (-1)^{\frac{p-1}{2}} p$$

と表すことにする.

定理 1.7.7 相異なる奇素数 p と q について

$$\left(\frac{p^*}{q}\right) = \left(\frac{q}{p}\right)$$

が成り立つ.

この定理をいったん認めて, 相互律 (定理 1.7.3) の証明を済ませる.

証明 (定理 1.7.3 の証明). Legendre 記号の定義から

$$\left(\frac{p^*}{q}\right) = \left(\frac{(-1)^{\frac{p-1}{2}} p}{q}\right) = \left(\frac{-1}{q}\right)^{\frac{p-1}{2}} \left(\frac{p}{q}\right) = (-1)^{\frac{p-1}{2}\frac{q-1}{2}} \left(\frac{p}{q}\right)$$

となる. ここで認めた定理 1.7.7 を用いると,

$$(-1)^{\frac{p-1}{2}\frac{q-1}{2}} \left(\frac{p}{q}\right) = \left(\frac{q}{p}\right)$$

が分かるが, $\left(\frac{p}{q}\right) = \pm 1$ なので, 両辺に $\left(\frac{p}{q}\right)$ を掛ければ相互律が得られる. $\qquad\square$

定理 1.7.7 を証明するためには

$$\hat{h}_p(x) = \sum_{y \in \mathbb{F}_p} h_p(y)\zeta_p^{-xy}$$

の素数 q による余りを扱う必要があるため, 代数的な準備を行う.

定義 1.7.8 $\mathbb{C}$ の部分集合 $R\,(=\mathbb{Z}[\zeta_p])$ を
$$R = \Big\{ \sum_{0 \le i \le p-1} a_i \zeta_p^i \in \mathbb{C} \mid a_i \in \mathbb{Z} \Big\}$$
と定義する. このとき, R は演算 $\pm, \times$ について閉じていて, しかも整数の集合 $\mathbb{Z}$ を含む. また素数 q について
$$qR = \{ qz \mid z \in R \}$$
$$= \Big\{ \sum_{0 \le i \le p-1} a_i \zeta_p^i \in R \mid \text{すべての } i \text{ について, 整数 } a_i \text{ は } q \text{ の倍数} \Big\}$$
と定める. $x, y \in R$ にたいして $x - y$ が qR に含まれるとき,
$$x \equiv y \pmod{qR}$$
と表すと, これは R における同値関係を定めるが, その同値類の集合を R/qR と表し, R の q による**余りの空間**とよぶ. $\mathbb{Z}/q\mathbb{Z}$ の場合と同様に R/qR には足し算と引き算「$\pm$」, およびかけ算「$\times$」が定義される.

補題 1.7.9 q を素数とする. このとき $x_1, \cdots, x_n \in R$ について合同式
$$\Big(\sum_{i=1}^{n} x_i\Big)^q \equiv \sum_{i=1}^{n} x_i^q \pmod{qR}$$
が成り立つ.

証明. $n = 2$ のときは Fermat の小定理の証明と同じである. 実際, 2 項展開の公式
$$(x_1 + x_2)^q = \sum_{i=0}^{q} \binom{q}{i} x_1^q x_2^{q-i}$$
において 2 項係数は合同関係式
$$\binom{q}{i} \equiv 0 \pmod{q} \qquad (1 \le i \le q-1)$$
をみたすので, $x, y \in R$ について
$$(x_1 + x_2)^q - (x_1^q + x_2^q) = \sum_{i=1}^{q-1} \binom{q}{i} x_1^q x_2^{q-i} \in qR$$
となり主張が得られる. 一般の場合は数学的帰納法により示される. 実際, $n =$

k で主張が成り立つとしよう. $y = x_1 + \cdots + x_k$ とすれば, 帰納法の仮定から

$$y^q = (x_1 + \cdots + x_k)^q \equiv x_1^q + \cdots + x_k^q \pmod{qR} \qquad (1.27)$$

が成り立つ. いま $n = k + 1$ で主張が成り立つことを示したいので,

$$x_1 + \cdots + x_k + x_{k+1} = y + x_{k+1} \quad (y = x_1 + \cdots + x_k)$$

と表すと, $n = 2$ のときの結果と (1.27) から,

$$(x_1 + \cdots + x_{k+1})^q$$
$$= (y + x_{k+1})^q \equiv y^q + x_{k+1}^q \equiv x_1^q + \cdots + x_k^q + x_{k+1}^q \pmod{qR}$$

となり主張がしめされた. $\square$

補題 1.7.10 相異なる奇素数 p と q について

$$g^{q-1} \equiv \left(\frac{p^*}{q}\right) \pmod{q}$$

が成り立つ.

証明. q は奇素数なので, $q - 1 = 2k$ (k は整数) と表すことができる. 命題 1.7.6 を用いると

$$g^{q-1} = (g^2)^k = ((-1)^{\frac{p-1}{2}} p)^k = (p^*)^k.$$

一方, Legendre 記号の定義から

$$\left(\frac{p^*}{q}\right) \equiv (p^*)^{\frac{q-1}{2}} \equiv (p^*)^k \pmod{q}$$

となるので

$$g^{q-1} \equiv (p^*)^k \equiv \left(\frac{p^*}{q}\right) \pmod{q}$$

となり, 主張が示された. $\square$

命題 1.7.11 相異なる奇素数 p と q について

$$(\hat{h}_p(x))^q \equiv \hat{h}_p(qx) \pmod{qR}$$

が成り立つ.

証明. 定義から

$$\hat{h}_p(x) = \sum_{y \in \mathbb{F}_p^\times} h_p(y) \zeta_p^{-xy}$$

であった. したがって補題 1.7.9 から

$$(\hat{h}_p(x))^q \equiv \sum_{y \in \mathbb{F}_p^\times} h_p(y)^q \zeta_p^{-qxy} \quad (\mathrm{mod}\, qR)$$

となる. q は奇素数であり, また定義 1.7.4 から $h_p(y) = \pm 1$ あるいは 0 なので

$$h_p(y)^q = h_p(y)$$

が成り立ち, これを上の式に代入すると

$$(\hat{h}_p(x))^q \equiv \sum_{y \in \mathbb{F}_p^\times} h_p(y)\zeta_p^{-qxy} \equiv \hat{h}_p(qx) \quad (\mathrm{mod}\, qR). \qquad \square$$

証明 (定理 1.7.7 の証明). 証明は h_p の Gauss 和 $g = \hat{h}_p(-1)$ ((1.26) 参照) の $q+1$ 乗を 2 通りの方法で計算して, 比較するという方針をとる. 命題 1.7.11 に $x = -1$ を代入すると,

$$g^q \equiv \hat{h}_p(-q) \quad (\mathrm{mod}\, qR)$$

がしたがう. 右辺に補題 1.7.5 を $a = q$ として用いれば, h_p の定義から

$$g^q \equiv \hat{h}_p(-1)h_p(q) \equiv g\left(\frac{q}{p}\right) \quad (\mathrm{mod}\, qR)$$

を得る. この両辺に g を掛けて命題 1.7.6 を適用すると,

$$g^{q+1} \equiv g^2\left(\frac{q}{p}\right) \equiv (-1)^{\frac{p-1}{2}} p\left(\frac{q}{p}\right) \quad (\mathrm{mod}\, qR)$$

となる. 一方, この左辺に補題 1.7.10 と命題 1.7.6 を用いると,

$$g^{q+1} \equiv g^{q-1}g^2 \equiv \left(\frac{p^*}{q}\right)g^2 \equiv \left(\frac{p^*}{q}\right)(-1)^{\frac{p-1}{2}} p \quad (\mathrm{mod}\, qR)$$

を得る. 得られた 2 つの式を比較すると

$$(-1)^{\frac{p-1}{2}} p\left(\frac{q}{p}\right) \equiv \left(\frac{p^*}{q}\right)(-1)^{\frac{p-1}{2}} p \quad (\mathrm{mod}\, qR)$$

となるので, 両辺から $(-1)^{\frac{p-1}{2}} p$ を消去すれば求める等式が示されるが, p が R/qR で可逆である保証はない. そこで次のように考える. まず得られた等式の両辺に現れる数はいずれも整数であり,

$$\mathbb{Z} \cap qR = q\mathbb{Z}$$

なので, 上記の等式は $\mathbb{Z}/q\mathbb{Z}$ における等式

$$(-1)^{\frac{p-1}{2}} p \left(\frac{q}{p}\right) = \left(\frac{p^*}{q}\right) (-1)^{\frac{p-1}{2}} p$$

となる. このとき p は q と互いに素であるから $p^{-1} \in \mathbb{Z}/q\mathbb{Z}$ となるので, 両辺に $(-1)^{\frac{p-1}{2}} p^{-1}$ をかけて, $(-1)^{\frac{p-1}{2}} p$ を消去することができる. $\square$

1.8　2変数の Jacobi 和

定義 1.8.1 (2 変数の Jacobi 和)　拡張された指標 $\chi, \xi \in X(\mathbb{F}_p^\times)$ の Jacobi 和を

$$J(\chi, \xi) := \sum_{x \in \mathbb{F}_p} \chi(x)\xi(1-x) = \sum_{x+y=1} \chi(x)\xi(y)$$

$$J_0(\chi, \xi) := \sum_{x \in \mathbb{F}_p} \chi(x)\xi(-x) = \sum_{x+y=0} \chi(x)\xi(y)$$

により定義する.

それぞれの定義の 2 番目の表示で, $(x, y) \mapsto (y, x)$ と変数を入れ替えると

$$J(\chi, \xi) = J(\xi, \chi), \quad J_0(\chi, \xi) = J_0(\xi, \chi) \tag{1.28}$$

が分かる. Jacobi 和を具体的に計算しよう.

補題 1.8.2 (1)　$J(\chi_0, \chi_0) = J_0(\chi_0, \chi_0) = p$.
(2) $\chi \neq \chi_0$ とすると,

$$J(\chi, \chi_0) = 0.$$

証明. (1)　$\displaystyle J(\chi_0, \chi_0) = \sum_{x \in \mathbb{F}_p} 1 = p.$

同様に, $J_0(\chi_0, \chi_0) = p$ が分かる.

(2) 補題 1.6.7 からしたがう. 実際 $\chi \neq \chi_0$ なので,

$$J(\chi, \chi_0) = \sum_{x \in \mathbb{F}_p} \chi(x) = 0. \qquad \square$$

補題 1.8.3 (1) $\chi\xi \neq \chi_0$ のときは

$$J_0(\chi, \xi) = 0.$$

(2) $\chi \neq \chi_0$ かつ $\chi\xi = \chi_0$ とすると,

$$J_0(\chi, \xi) = \chi(-1)(p-1) = \xi(-1)(p-1).$$

40　第 1 章　有限巡回群上の離散 Fourier 変換

証明. (1) 補題 1.6.7 を用いて計算すると,

$$J_0(\chi, \xi) = \sum_{x \in \mathbb{F}_p} \chi(x)\xi(-x) = \xi(-1) \sum_{x \in \mathbb{F}_p} \chi\xi(x) = 0.$$

(2) (注意 1.6.5 参照) $\chi \neq \chi_0$ より $\chi(0) = 0$ なので

$$\chi\xi(0) = \chi(0)\xi(0) = 0.$$

このことに注意して, 上記の計算を用いると

$$J_0(\chi, \xi) = \xi(-1) \sum_{x \in \mathbb{F}_p^\times} \chi\xi(x) = \xi(-1) \sum_{x \in \mathbb{F}_p^\times} 1 = \xi(-1)(p-1).$$

$\chi(-1)\xi(-1) = \chi_0(-1) = 1$ であり, また補題 1.6.6(1) から $\chi(-1)$ と $\xi(-1)$ の値は ± 1 なので

$$\chi(-1) = \xi(-1).$$

したがって

$$J_0(\chi, \xi) = \chi(-1)(p-1). \qquad \square$$

χ と ξ がいずれも χ_0 と異なるときは, Jacobi 和は Gauss 和を用いて表すことができる. 実際, (1.21) を用いて計算すると,

$$g(\chi)g(\xi) = \left(\sum_{x \in \mathbb{F}_p} \chi(x)\psi(x) \right)\left(\sum_{y \in \mathbb{F}_q} \xi(y)\psi(y) \right)$$

$$= \sum_{(x,y) \in \mathbb{F}_p \times \mathbb{F}_p} \chi(x)\xi(y)\psi(x+y)$$

$$= \sum_{z \in \mathbb{F}_p} \sum_{x+y=z} \chi(x)\xi(y)\psi(z)$$

$$= \sum_{x+y=0} \chi(x)\xi(y)\psi(0) + \sum_{z \in \mathbb{F}_p^\times} \sum_{x+y=z} \chi(x)\xi(y)\psi(z)$$

となる. 第 1 項は $\psi(0) = 1$ より

$$\sum_{x+y=0} \chi(x)\xi(y)\psi(0) = \sum_{x+y=0} \chi(x)\xi(y) = J_0(\chi, \xi).$$

第 2 項は, $x = zx'$, $y = zy'$ と変数変換すると

$$\sum_{z \in \mathbb{F}_p^\times} \sum_{x+y=z} \chi(x)\xi(y)\psi(z) = \sum_{z \in \mathbb{F}_p^\times} \sum_{x'+y'=1} \chi(zx')\xi(zy')\psi(z)$$

$$= \sum_{z \in \mathbb{F}_p^\times} \chi\xi(z)\psi(z) \sum_{x'+y'=1} \chi(x')\xi(y')$$

$$= [\sum_{z \in \mathbb{F}_p^\times} \chi\xi(z)\psi(z)] J(\chi, \xi)$$

と計算される．したがって

$$g(\chi)g(\xi) = J_0(\chi, \xi) + [\sum_{z \in \mathbb{F}_p^\times} \chi\xi(z)\psi(z)] J(\chi, \xi)$$

が示された．これを命題としてまとめておく．

命題 1.8.4 $\chi, \xi \in X(\mathbb{F}_p^\times)$ がいずれも χ_0 と異なるとき，

$$g(\chi)g(\xi) = J_0(\chi, \xi) + [\sum_{z \in \mathbb{F}_p^\times} \chi\xi(z)\psi(z)] J(\chi, \xi)$$

が成り立つ．

定理 1.8.5 $\chi, \xi \in X(\mathbb{F}_p^\times)$ はいずれも χ_0 とは異なるとする．さらに，もしそれらの積 $\chi\xi$ が χ_0 と異なるのであれば，

$$J(\chi, \xi) = \frac{g(\chi)g(\xi)}{g(\chi\xi)}$$

が成り立つ．

証明． 仮定から $\chi\xi(0) = 0$ なので，$\chi\xi$ の Gauss 和は

$$g(\chi\xi) = \sum_{z \in \mathbb{F}_p} \chi\xi(z)\psi(z) = \sum_{z \in \mathbb{F}_p^\times} \chi\xi(z)\psi(z)$$

となる．さらに仮定 $\chi\xi \neq \chi_0$ より，補題 1.8.3(1) から $J_0(\chi, \xi) = 0$ となり，これらを命題 1.8.4 の式に代入すれば，求める等式が得られる． $\square$

定理 1.8.6 $\chi, \xi \in X(\mathbb{F}_p^\times)$ を，χ_0 と異なる拡張された指標とする．もしこれらの積 $\chi\xi$ が自明になるときは

$$J(\chi, \xi) = -\chi(-1) = -\frac{g(\chi)g(\xi)}{p}$$

が成り立つ．

証明． $\sum_{z \in \mathbb{F}_p^\times} \chi\xi(z)\psi(z)$ を計算しよう．

$$\chi\xi(x) = \chi_0(x) = 1 \qquad (\forall x \in \mathbb{F}_p^\times)$$

より,

$$\sum_{z\in\mathbb{F}_p^\times}\chi\xi(z)\psi(z) = \sum_{z\in\mathbb{F}_p^\times}\psi(z) = \sum_{z\in\mathbb{F}_p}\psi(z) - \psi(0)$$

となるが, 補題 1.6.9(2) から

$$\sum_{z\in\mathbb{F}_p^\times}\chi\xi(z)\psi(z) = -1$$

を得る. これを命題 1.8.4 に代入すれば,

$$g(\chi)g(\xi) = J_0(\chi,\xi) - J(\chi,\xi) \tag{1.29}$$

がしたがう. ここで補題 1.8.3(2) から $J_0(\chi,\xi) = \chi(-1)(p-1)$. また $\chi\xi$ は自明な指標であるので $\xi = \chi^{-1}$ となり, 定理 1.6.12 から $g(\chi)g(\xi) = \chi(-1)p$ が成り立つ. これらの結果を (1.29) に代入して

$$J(\chi,\xi) = J_0(\chi,\xi) - g(\chi)g(\xi) = -\chi(-1) = -\frac{g(\chi)g(\xi)}{p}$$

を得る. □

1.9 有限体上の Fermat 曲線の有理点の個数

3 以上の整数 m について,

$$x^m + y^m = z^m \qquad (xyz \neq 0)$$

をみたす整数の組 (x,y,z) は存在しないであろう, というのが有名な Fermat 予想であるが, この予想は 1994 年に A.Wiles により解決された.

この方程式を z^m で両辺を割ることにより, Fermat 予想は

$$x^m + y^m = 1 \tag{1.30}$$

をみたす有理数の組 (x,y) が存在するかという問題に帰着されるが, ここで「有理数」を「有限体」に置き換えると (1.30) は解をもつ. 実際 $m=3$ の場合, $\mathbb{F}_5$ において $(x,y) = (3,4)$ は

$$3^3 + 4^3 = 27 + 64 = 91 \equiv 1 \pmod 5$$

をみたす. p を奇素数 p としよう. この節では, 正の整数 m について方程式 $x^m + y^m = 1$ の $\mathbb{F}_p$ における解の個数

$$N_m = |\{(x,y) \in \mathbb{F}_p \times \mathbb{F}_p \mid x^m + y^m = 1\}|$$

を, Jacobi 和や Gauss 和を用いて表すことを目標とする.

一般に, 可換群 G について, その群演算を加法で表して,

$$G[m] = \{g \in G \mid mg = 0\}$$

と表すと, 次の定理が成り立つ.

定理 1.9.1 m が $p-1$ の約数であるとき

$$N_m = \sum_{\chi, \xi \in X(\mathbb{F}_p^\times)[m]} J(\chi, \xi)$$

が成り立つ.

この定理の証明を述べる前に, まず位数 n の巡回群 $C_n = \mathbb{Z}/n\mathbb{Z}$ にかんする基本的な事実を復習しよう. m を n の約数とするとき, $C_n[m]$ は C_m に同型である. 実際, $l = n/m$ とおけば

$$C_n[m] = \{0, l, \cdots, (m-1)l\} \simeq \mathbb{Z}/m\mathbb{Z}, \quad al \longmapsto a \quad (a = 0, \cdots, m-1)$$

により同型写像が与えられる. $\mathbb{F}_p^\times$ およびその拡張された指標群 $X(\mathbb{F}_p^\times)$ は, いずれも C_{p-1} に同型であったから, この考察から次の補題を得る.

補題 1.9.2 $p-1$ の約数 m について

$$\mathbb{F}_p^\times[m] \simeq X(\mathbb{F}_p^\times)[m] \simeq C_m$$

が成立する.

ここで, 命題 1.6.2 (Frobenius の定理) から, $\mathbb{F}_p^\times = \mu_{p-1}$ となるので

$$\mathbb{F}_p^\times[m] = \mu_m(\mathbb{F}_p), \quad \mu_m(\mathbb{F}_p) := \{x \in \mathbb{F}_p \mid x^m = 1\}. \tag{1.31}$$

以下, つねに m は $p-1$ の約数とする.

命題 1.9.3 $y \in \mathbb{F}_p$ に対して

$$N_m(y) = |\{x \in \mathbb{F}_p \mid x^m = y\}|$$

とおくと, 次の事実が成り立つ.

(1) $$N_m(0) = 1.$$

(2) 方程式 $x^m = y$ が $\mathbb{F}_p$ に解を持たなければ,

$$N_m(y) = 0.$$

(3) 方程式 $x^m = y$ が $\mathbb{F}_p$ に解をもつのであれば,

$$N_m(y) = m.$$

証明. (1) と (2) は明らかなので (3) のみを示す. 仮定から $\mathbb{F}_p$ の元 x_0 で

$$x_0^m = y$$

となるものが存在する. このとき, 補題 1.9.2 と (1.31) から $\mu_m(\mathbb{F}_p) \simeq C_m$ であるが, $\zeta \in \mu_m(\mathbb{F}_p)$ について

$$(\zeta x_0)^m = \zeta^m x_0^m = y$$

となるので

$$\{x \in \mathbb{F}_p \,|\, x^m = y\} = \{\zeta x_0 \,|\, \zeta \in \mu_m(\mathbb{F}_p)\}.$$

この集合は m 個の元をもつ. □

命題 1.9.4 $y \in \mathbb{F}_p$ について

$$N_m(y) = \sum_{\chi \in X(\mathbb{F}_p^\times)[m]} \chi(y)$$

が成り立つ.

証明のために補題を準備する.

補題 1.9.5 $y \in \mathbb{F}_p^\times$ とする. 方程式 $x^m = y$ が $\mathbb{F}_p$ の中に解を持たないとすると, 拡張された指標 $\xi \in X(\mathbb{F}_p^\times)[m]$ で

$$\xi(y) \neq 1$$

となるものが存在する.

証明. 命題 1.6.2 (Frobenius の定理) から, $\mathbb{F}_p^\times$ は位数 $p-1$ の巡回群と同型であるが, その生成元 γ を一つ固定する. $y = \gamma^k$ と表すと, 仮定から k は m の倍数とはならない. ここで指標 $\xi \in \breve{\mathbb{F}}_p^\times$ を

$$\xi(\gamma) = \zeta_m = \exp\left(\frac{2\pi i}{m}\right)$$

と定義すれば,

$$\xi^m(\gamma) = \xi(\gamma)^m = 1$$

より $\xi \in \check{\mathbb{F}}_p^\times[m]$ であり,また k は m の倍数ではないので

$$\xi(y) = \xi(\gamma)^k = \zeta_m^k \neq 1$$

となる.ξ は非自明なので $\xi(0) = 0$ により $\mathbb{F}_p$ 上の関数に拡張すれば,求める指標が得られる. $\square$

証明 (命題 1.9.4 の証明). まず $y = 0$ のときを示す.拡張の定義から $\chi \in X(\mathbb{F}_p^\times)$ に対して

$$\chi(0) = \begin{cases} 0 & (\chi \neq \chi_0) \\ 1 & (\chi = \chi_0) \end{cases}$$

となるので

$$N_m(0) = 1 = \sum_{\chi \in X(\mathbb{F}_p^\times)[m]} \chi(0)$$

となり主張が得られる.以下,$y \neq 0$ としよう.方程式 $x^m = y$ が $\mathbb{F}_p$ の中に解 $x = \alpha$ をもつとする.命題 1.9.3(3) から $N_m(y) = m$ となるが,補題 1.9.2 で見たように $X(\mathbb{F}_p^\times)[m] \simeq C_m$ なので

$$\sum_{\chi \in X(\mathbb{F}_p^\times)[m]} \chi(y) = \sum_{\chi \in X(\mathbb{F}_p^\times)[m]} \chi(\alpha^m) = \sum_{\chi \in X(\mathbb{F}_p^\times)[m]} \chi^m(\alpha)$$

$$= \sum_{\chi \in X(\mathbb{F}_p^\times)[m]} 1 = m$$

$$= N_m(y)$$

となり主張が示される.最後に方程式 $x^m = y$ が $\mathbb{F}_p$ の中に解を持たないとしよう.このときは,命題 1.9.3 から $N_m(y) = 0$ であるので,$\displaystyle\sum_{\chi \in X(\mathbb{F}_p^\times)[m]} \chi(y) = 0$ を示せばよい.$S = \displaystyle\sum_{\chi \in X(\mathbb{F}_p^\times)[m]} \chi(y)$ とおく.補題 1.9.5 で求めた指標 ξ を用いて,$\chi = \chi'\xi$ と変数変換すると

$$S = \sum_{\chi \in X(\mathbb{F}_p^\times)[m]} \chi(y) = \sum_{\chi' \in X(\mathbb{F}_p^\times)[m]} \chi'\xi(y) = \xi(y) \sum_{\chi' \in X(\mathbb{F}_p^\times)[m]} \chi'(y) = \xi(y)S$$

となるが,$\xi(y) \neq 1$ より $S = 0$. $\square$

46　第 1 章　有限巡回群上の離散 Fourier 変換

証明 (定理 1.9.1 の証明). $x^m = a, y^m = b$ とおき，命題 1.9.4 を用いて計算すると

$$N_m = \sum_{a+b=1} N_m(a) N_m(b) = \sum_{a+b=1} \sum_{\chi \in X(\mathbb{F}_p^\times)[m]} \chi(a) \sum_{\xi \in X(\mathbb{F}_p^\times)[m]} \xi(b)$$

$$= \sum_{\chi, \xi \in X(\mathbb{F}_p^\times)[m]} \sum_{a+b=1} \chi(a)\xi(b) = \sum_{\chi, \xi \in X(\mathbb{F}_p^\times)[m]} J(\chi, \xi)$$

となり，主張がしめされた．　　　　　　　　　　　　　　　　　　□

前節の結果を用いて，定理 1.9.1 を Gauss 和で表そう．右辺を

$$\sum_{\chi, \xi \in X(\mathbb{F}_p^\times)[m]} J(\chi, \xi)$$

$$= J(\chi_0, \chi_0)$$

$$+ \sum_{\chi \in X(\mathbb{F}_p^\times)[m], \chi \neq \chi_0} J(\chi, \chi_0) + \sum_{\xi \in X(\mathbb{F}_p^\times)[m], \xi \neq \chi_0} J(\chi_0, \xi)$$

$$+ \sum_{\chi \in X(\mathbb{F}_p^\times)[m], \chi \neq \chi_0} J(\chi, \chi^{-1})$$

$$+ \sum_{\chi, \xi \in X(\mathbb{F}_p^\times)[m], \chi_1 \neq \chi_0, \xi \neq \chi_0, \chi\xi \neq \chi_0} J(\chi, \xi)$$

と分解する．第 1 行は補題 1.8.2(1) より p に等しく，第 2 行は補題 1.8.2(2) と (1.28) の対称性より 0 となる．第 3 行と第 4 行は，それぞれ定理 1.8.6 と定理 1.8.5 を適用すれば

(1)
$$\sum_{\chi \in X(\mathbb{F}_p^\times)[m], \chi \neq \chi_0} J(\chi, \chi^{-1}) = - \sum_{\chi \in X(\mathbb{F}_p^\times)[m], \chi \neq \chi_0} \chi(-1)$$

(2)
$$\sum_{\chi, \xi \in X(\mathbb{F}_p^\times)[m], \chi \neq \chi_0, \xi \neq \chi_0, \chi\xi \neq \chi_0} J(\chi, \xi)$$

$$= \sum_{\chi, \eta \in X(\mathbb{F}_p^\times)[m], \chi \neq \chi_0, \eta \neq \chi_0, \chi\xi \neq \chi_0} \frac{g(\chi)g(\xi)}{g(\chi\xi)}$$

となり，次の定理が示された．

定理 1.9.6

$$N_m = p - \sum_{\chi \in X(\mathbb{F}_p^\times)[m], \chi \neq \chi_0} \chi(-1) + \sum_{\chi, \xi \in X(\mathbb{F}_p^\times)[m], \chi \neq \chi_0, \xi \neq \chi_0, \chi\xi \neq \chi_0} \frac{g(\chi)g(\xi)}{g(\chi\xi)}.$$

1.10 不確定性原理

定義 1.10.1 $f \in L^2(C_n)$ の台を
$$\mathrm{supp}(f) = \{x \in C_n \mid f(x) \neq 0\}$$
と定義する.

例えば
$$\mathrm{supp}(\delta_a) = \{a\}$$
であり，その離散 Fourier 変換は
$$\mathcal{F}\delta_a(x) = \zeta_n^{-ax}$$
で与えられるため
$$\mathrm{supp}(\mathcal{F}\delta_a) = C_n$$
となる．一般に 0 でない $f \in L^2(C_n)$ について，$\mathrm{supp}(f)$ と $\mathrm{supp}(\mathcal{F}f)$ が同時に小さくなることはない．実際，次の定理が成り立つ.

定理 1.10.2 (不確定性原理) $f(\neq 0) \in L^2(C_n)$ に対して,
$$|\mathrm{supp}(f)| \cdot |\mathrm{supp}(\mathcal{F}f)| \geq n$$
が成り立つ．ただし，有限集合 X に対して $|X|$ はそれに含まれる元の個数を表す.

定理の名前の由来を説明しよう．いまある物質の運動を観測しているとする．このとき，f はその位置関数，$\mathcal{F}f$ はその運動量関数に相当する．不確定性原理により，

- 位置と運動量を同時に正確に観測することはできない

ことが知られているが，この事実を踏まえて上記の定理は「(離散 Fourier 変換における) 不確定性原理」と呼ばれる．また上記の例から
$$|\mathrm{supp}(\delta_a)| \cdot |\mathrm{supp}(\mathcal{F}\delta_a)| = 1 \cdot n = n$$
なので，等号を実現する関数が存在する.

48　第 1 章　有限巡回群上の離散 Fourier 変換

証明. $f \neq 0 \in L^2(C_n)$ とすると，ノルムの定義

$$\|f\| = \sqrt{(f,f)}, \quad \|f\|_\infty = \sup_{x \in C_n} |f(x)|$$

より，

$$\|f\|^2 = \sum_{x \in C_n} |f(x)|^2 = \sum_{x \in \mathrm{supp}(f)} |f(x)|^2 \leq \|f\|_\infty^2 \cdot |\mathrm{supp}(f)| \qquad (1.32)$$

を得る．また反転公式 (定理 1.4.5) に等式 (1.11) を代入すると

$$f(-x) = \frac{1}{n} \mathcal{F}(\mathcal{F}f)(x)$$
$$= \frac{1}{n}(\mathcal{F}f, \varepsilon_x) = \frac{1}{n} \sum_{y \in C_n} \mathcal{F}f(y)\overline{\varepsilon_x(y)}$$

となるが，

$$|\varepsilon_x(y)| = |\zeta_n^{xy}| = 1 \quad (\forall y \in C_n)$$

より

$$\|f\|_\infty \leq \frac{1}{n} \sum_{y \in C_n} |\mathcal{F}f(y)| \qquad (1.33)$$

が分かる．ここで Cauchy-Schwartz の不等式を用いて

$$\left(\sum_{y \in C_n} |\mathcal{F}f(y)| \right)^2 = \left(\sum_{y \in \mathrm{supp}(\mathcal{F}f)} |\mathcal{F}f(y)| \right)^2$$
$$\leq \left(\sum_{y \in \mathrm{supp}(\mathcal{F}f)} |\mathcal{F}f(y)|^2 \right)\left(\sum_{y \in \mathrm{supp}(\mathcal{F}f)} 1^2 \right)$$
$$\leq \left(\sum_{y \in C_n} |\mathcal{F}f(y)|^2 \right)\left(\sum_{y \in \mathrm{supp}(\mathcal{F}f)} 1^2 \right)$$
$$= \|\mathcal{F}f\|^2 \cdot |\mathrm{supp}(\mathcal{F}f)|$$

と評価し，Planchrel の公式 (定理 1.4.7)

$$\|\mathcal{F}f\|^2 = n\|f\|^2$$

を得られた式の右辺に代入すれば

$$\left(\sum_{y \in C_n} |\mathcal{F}f(y)| \right)^2 \leq n\|f\|^2 \cdot |\mathrm{supp}(\mathcal{F}f)| \qquad (1.34)$$

を得る．これを (1.33) に適用すれば，

$$\|f\|_\infty^2 \leq \frac{1}{n}\|f\|^2 \cdot |\mathrm{supp}(\mathcal{F}f)|$$

が分かる。この式を (1.32) に代入して

$$\|f\|^2 \leq \frac{1}{n}\|f\|^2 \cdot |\mathrm{supp}(f)| \cdot |\mathrm{supp}(\mathcal{F}f)|$$

がしたがい，両辺を $\|f\|^2$ で割れば求める等式

$$n \leq |\mathrm{supp}(f)| \cdot |\mathrm{supp}(\mathcal{F}f)|$$

が得られる。 $\qquad\qquad\square$

同様の現象は，急減少関数あるいは超関数の Fourier 変換でも現れる (補題 3.3.3 と補題 4.4.6 を参照).

1.11　第 1 章の付録 (可換群からの準備)

G を可換群とし，その単位元を 1 で表す。G の元 x について，$x^m = 1$ をみたす最小の正の整数 m を x の**位数**とよび，$\mathrm{ord}(x)$ で表す。

補題 1.11.1 $x \in G$ の位数を m とする。このとき $x^n = 1$ であれば，n は m の倍数でなければならない。

証明. $m = 1$ のときは明らかなので，$m \geq 2$ とする。n は m で割り切れないとすると，

$$n = km + r \qquad (1 \leq r \leq m - 1)$$

と表すことができる。ここで $x^n = x^m = 1$ から

$$1 = x^n = x^{km+r} = x^{km}x^r = x^r$$

となるが，これは位数 m の定義 (最小性) に反する。 $\qquad\square$

補題 1.11.2 $g_1, g_2 \in G$ とし，g_1, g_2 の位数をそれぞれ，m_1, m_2 とする。もし m_1 と m_2 が互いに素であれば，g_1g_2 の位数は m_1m_2 に等しい。

証明. $m = \mathrm{ord}(g_1g_2)$ とおく。

$$(g_1g_2)^{m_1m_2} = (g_1)^{m_1}(g_2)^{m_2} = 1 \cdot 1 = 1$$

より，補題 1.11.1 から m は m_1m_2 を割り切ることが分かる。一方 $(g_1g_2)^m = 1$ の両辺を m_1 乗すると，$g_1^{m_1} = 1$ なので

$$1 = (g_1)^{m_1m}(g_2)^{m_1m} = g_2^{m_1m}$$

となり，補題 1.11.1 から m_2 は $m_1 m$ を割り切ることが分かるが，m_1 と m_2 は互いに素なので m_2 は m を割り切る．同様に $(g_1 g_2)^m = 1$ の両辺を m_2 乗すれば，m_1 が m を割り切ることが分かる．ここで m_1 と m_2 は互いに素であるので，$m_1 m_2$ が m を割り切ることになるが，先ほどの結論，$m \,|\, (m_1 m_2)$ とあわせて $m = m_1 m_2$ がしたがう． $\qquad \square$

命題 1.11.3 $g_1, g_2 \in G$ とし，g_1, g_2 の位数をそれぞれ，m_1, m_2 とする．このとき $g_1^{k_1} g_2^{k_2}$ の位数が l.c.m(m_1, m_2) に等しくなるような整数 k_1 と k_2 が存在する．ここで l.c.m(m_1, m_2) は，m_1 と m_2 の最小公倍数を表す．

証明. m_1 と m_2 を
$$m_1 = \prod_{i=1}^{n} p_i^{e_i}, \quad m_2 = \prod_{i=1}^{n} p_i^{f_i} \quad (e_i, f_i \geq 0)$$
と素因数分解する (ただし，それぞれの i について e_i と f_i のいずれかは正とする)．
$$n_1 = \prod_{i:e_i \geq f_i} p^{e_i}, \quad n_2 = \prod_{i:f_i > e_i} p^{f_i}$$
とおくと，n_1 と n_2 は互いに素であり，n_i は m_i の約数となる．さらに $n_1 n_2$ は m_1 と m_2 の最小公倍数である．ここで $k_i = m_i / n_i \,(i = 1, 2)$ とし，
$$f_1 = g_1^{k_1}, \quad f_2 = g_2^{k_2}$$
とおくと，$f_i \,(i = 1, 2)$ の位数は $n_i \,(i = 1, 2)$ に等しく，n_1 と n_2 は互いに素であるので，補題 1.11.2 から $f = f_1 f_2 = g_1^{k_1} g_2^{k_2}$ の位数は $n_1 n_2 =$ l.c.m(m_1, m_2) に等しい． $\qquad \square$

$d = \text{Max}\{\text{ord}(x) \,|\, x \in G\}$ とし，位数 d の元を一つ選び g とおく．

命題 1.11.4 G の勝手な元 x に対し，その位数 $\text{ord}(x)$ は d の約数となる．

証明. $m = \text{ord}(x)$ とおく．m が d の約数でないとすると，それらの最小公倍数 $l = \text{l.c.m}(d, m)$ は d より大きくなる．ここで $\text{ord}(g) = d$, $\text{ord}(x) = m$ なので，命題 1.11.3 から位数が l に等しい $h \in G$ が存在するが，これは d の最大性に反する． $\qquad \square$

第 2 章

周期関数の Fourier 変換

2.1 導入

この章では「波は正弦波と余弦波の重ね合わせである」という古典的な事実
を解説する．f を周期 1 の複素数に値をとる連続関数としよう：

$$f(t + 1) = f(t) \quad (t \in \mathbb{R}).$$

このような関数の例として指数関数の有限和

$$f(t) = \sum_{n=-N}^{N} a_n \exp(2\pi i n t) \quad (a_n \in \mathbb{C})$$

が挙げられるが，複素数に値をとる周期 1 の連続関数 f は，

$$f(t) = \sum_{n=-\infty}^{\infty} a_n \exp(2\pi i n t) \quad (a_n \in \mathbb{C})$$

と表されることが分かる．つまり

数列 $\Leftrightarrow$ 周期 1 の複素数値関数

$$\{a_n\}_n \longleftrightarrow \sum_{n=-\infty}^{\infty} a_n \exp(2\pi i n t)$$

という対応が存在し，連続関数 (連続的なデータ) を数列 (離散的なデータ) で
表すことができる．この章ではこの事実を解説し，Fourier 級数の応用として，
Weierstrass の多項式近似定理，Euler の等式 (ゼータ関数の特殊値)，等周
問題，線型微分方程式を扱う．

また，この対応は「第 1 章の極限」ととらえることができる．実際，n を正
の整数とするとき，第 1 章で離散 Fourier 変換

$$\mathcal{F} : L^2(\mathbb{Z}/n\mathbb{Z}) \to L^2(\mathbb{Z}/n\mathbb{Z})$$

は同型となることを示した．ここで $n \to \infty$ としたらどうなるであろうか．そ

52   第 2 章   周期関数の Fourier 変換

のために，可換群の同型
$$\mathbb{Z}/n\mathbb{Z} \simeq \mu_n = \{z \in \mathbb{C} \mid z^n = 1\}, \quad x \longmapsto \exp\left(\frac{2\pi ix}{n}\right)$$
を用いて，$\mathcal{F}$ の行き先の $L^2(\mathbb{Z}/n\mathbb{Z})$ を μ_n 上の関数空間 $L^2(\mu_n)$ に置き換え，上記の変換を
$$\mathcal{F} : L^2(\mathbb{Z}/n\mathbb{Z}) \longrightarrow L^2(\mu_n)$$
と書き直す．$\mathbb{Z}/n\mathbb{Z}$ は整数の集合 $\mathbb{Z}$ の n による剰余の集合だったので，$n \to \infty$ としたとき，$\mathbb{Z}/n\mathbb{Z}$ は $\mathbb{Z}$ になり $L^2(\mathbb{Z}/n\mathbb{Z})$ は $L^2(\mathbb{Z})$ に置き換わる．ここで $L^2(\mathbb{Z}/n\mathbb{Z})$ は $\mathbb{Z}/n\mathbb{Z}$ から $\mathbb{C}$ への写像の集合なので，$L^2(\mathbb{Z})$ は $\mathbb{Z}$ から $\mathbb{C}$ への写像の集合，つまり複素数列
$$\{a_n\}_n : \mathbb{Z} \to \mathbb{C}, \quad n \longmapsto a_n$$
の集合となる．一方
$$z = \exp(2\pi it) \quad (t \in \mathbb{R})$$
とおけば，周期性から f は $U(1) = \{z \in \mathbb{C} \mid |z| = 1\}$ 上定義されているとみなすことができる．μ_n は $U(1) = \{z \in \mathbb{C} \mid |z| = 1\}$ の n 等分点の集合なので，$n \to \infty$ としたとき μ_n は $U(1)$ に「収束」し，$L^2(\mu_n)$ を $L^2(U(1))$ に置き換えられる．このような考察から，$n \to \infty$ としたとき，離散 Fourier 変換は同型
$$\mathcal{F} : L^2(\mathbb{Z}) \longrightarrow L^2(U(1)) \tag{2.1}$$
を導くと期待されるが，これは上述の対応に他ならない．

2.2   数列の空間と周期関数空間

定義 2.2.1 $\mathbb{C}$ に係数をもつ $\mathbb{Z}$ の群環 $\mathbb{C}[\mathbb{Z}]$ を定義する．まず
$$\mathbb{C}[\mathbb{Z}] = \{\sum_{m \in \mathbb{Z}} c(m)[m] \mid c_m \in \mathbb{C} \text{ は有限個を除いて } 0\}$$
と定義し，$\mathbb{Z}$ を加法群とみなして，$\mathbb{C}[\mathbb{Z}]$ の元 $a = \sum_{m \in \mathbb{Z}} a(m)[m]$ と $b = \sum_{m \in \mathbb{Z}} b(m)[m]$ の和と積を
$$a + b = \sum_{m \in \mathbb{Z}} (a(m) + b(m))[m],$$

$$ab = (\sum_{k \in \mathbb{Z}} a(k)[k])(\sum_{l \in \mathbb{Z}} b(l)[l]) = \sum_{m \in \mathbb{Z}} (\sum_{k+l=m} a(k)b(l))[m]$$

と定める. 足し算にかんする単位元は 0 (= すべての係数が 0 に等しい), か
け算についての単位元は $[0]$ となり, さらに $\mathbb{C}[\mathbb{Z}]$ が可換環となることは容易
に確認される. 実際, $\mathbb{C}[\mathbb{Z}]$ は変数 t の Lauren 多項式の作る可換環

$$\mathbb{C}[t, t^{-1}] = \{\sum_{m \in \mathbb{Z}} c(m)t^m \mid c(m) \in \mathbb{C} \text{ は有限個を除いて } 0\}$$

と, 写像

$$\mathbb{C}[\mathbb{Z}] \simeq \mathbb{C}[t, t^{-1}], \quad \sum_{m \in \mathbb{Z}} c(m)[m] \longmapsto \sum_{m \in \mathbb{Z}} c(m)t^m$$

により同型となる (この対応により, 0 は 0 に, $[0]$ は $t^0 = 1$ に写る).

群環を別の視点から見てみよう. 群環の元 $f = \sum_{m \in \mathbb{Z}} f(m)[m] \in \mathbb{C}[\mathbb{Z}]$ は,

$$f : \mathbb{Z} \longrightarrow \mathbb{C}, \quad m \longmapsto f(m)$$

により $\mathbb{Z}$ 上の複素数値関数と思うことができる. この対応により, $f, g \in \mathbb{C}[\mathbb{Z}]$
の和は関数としての和

$$(f + g)(x) := f(x) + g(x)$$

になり, 積はたたみ込み

$$(f * g)(x) := \sum_{y+z=x} f(y)g(z)$$

となる. 特に, $[k] \in \mathbb{C}[\mathbb{Z}]$ は $k \in \mathbb{Z}$ に台をもつ Dirac 関数

$$\delta_k(x) = \begin{cases} 1 & (x = k) \\ 0 & (x \neq k) \end{cases}$$

に対応し,

$$(f * \delta_k)(x) = f(x - k)$$

をみたす. 特に (1.7) の類似の等式 $f * \delta_0 = f$ が成り立つ (これは $[0]$ が積に
かんする $\mathbb{C}[\mathbb{Z}]$ の単位元であることの言い換えである). したがって, 以下整
数 m について, $[m]$ と δ_m を同一視する. $f, g \in \mathbb{C}[\mathbb{Z}]$ に対して

$$(f, g) = \sum_{m \in \mathbb{Z}} f(m)\overline{g(m)}$$

54　第 2 章　周期関数の Fourier 変換

と定義すると，次の補題が成り立つことは容易に確認される.

補題 2.2.2　$\mathbb{C}[\mathbb{Z}]$ の元 f, g, h について以下が成り立つ.

(1)　複素数 α と β について,

$$(\alpha f + \beta g, h) = \alpha(f, h) + \beta(g, h).$$

(2)
$$(f, g) = \overline{(g, f)}.$$

(3)
$$(f, f) \geq 0$$

であり，$(f, f) \geq 0 \Leftrightarrow f = 0$ が成り立つ.

したがって，$(\cdot, \cdot)$ は $\mathbb{C}[\mathbb{Z}]$ 上の Hermite 内積を与える (Hermite 内積の基本的な事実については，付録：A.1 節を参照). 次の補題は容易に確認される.

補題 2.2.3　$\{\delta_m\}_{m \in \mathbb{Z}}$ は $\mathbb{C}[\mathbb{Z}]$ の正規直交基底となる. すなわち

$$(\delta_m, \delta_n) = \left\{ \begin{array}{ll} 1 & (m = n) \\ 0 & (m \neq n) \end{array} \right.$$

が成り立つ.

定義 2.2.4　　　　　　$U(1) := \{z \in \mathbb{C} \,|\, |z| = 1\}$

と定義し，$U(1)$ 上の連続関数全体のつくる空間を $C^0(U(1))$ とおく. このとき写像

$$\mathbf{e} : \mathbb{R} \longrightarrow U(1), \quad \mathbf{e}(t) = \exp(2\pi i t)$$

を用いて，$f \in C^0(U(1))$ は

$$(\mathbf{e}^* f)(t) := f(\mathbf{e}(t)) = f(\exp(2\pi i t))$$

により，$\mathbb{R}$ 上の周期 1 の連続関数を定める. この対応により $C^0(U(1))$ を，$\mathbb{R}$ 上定義されたの周期 1 の連続関数全体の集合

$$\{f \in C^0(\mathbb{R}) \,|\, f(t+1) = f(t)\}$$

と同一視する.

補題 2.2.5　$f \in C^0(U(1))$ とする. このとき勝手な実数 a について

$$\int_a^{a+1} f(t)dt = \int_0^1 f(t)dt$$

が成り立つ.

証明. $[a]$ を a を超えない最大の整数とすると,

$$[a] \leq a \leq [a] + 1 \leq a + 1$$

が成り立つ. ここで積分を

$$\int_a^{a+1} f(t)dt = \int_a^{[a]+1} f(t)dt + \int_{[a]+1}^{a+1} f(t)dt$$

と分解する. 最初の積分は, $t = x + [a]$ と変数変換し, 周期条件から得られる等式 $f(x + [a]) = f(x)$ を用いて,

$$\int_a^{[a]+1} f(t)dt = \int_{a-[a]}^1 f(x + [a])dx = \int_{a-[a]}^1 f(x)dx$$

となる. 後半の積分は, $t = x + [a] + 1$ と変数変換し, 周期条件から得られる等式 $f(x + [a] + 1) = f(x)$ を用いて,

$$\int_{[a]+1}^{a+1} f(t)dt = \int_0^{a-[a]} f(x + [a] + 1)dx = \int_0^{a-[a]} f(x)dx$$

となるので, これらをあわせて主張が得られる. $\qquad\square$

この補題から, $f \in C^0(U(1))$ の長さ 1 の閉区間 $[\alpha, \alpha + 1]$ 上での積分値は, α に依存しないので

$$\int_{U(1)} f(t)dt = \int_\alpha^{\alpha+1} f(t)dt$$

と表して差し支えない. これを用いて $f, g \in C^0(U(1))$ に対し,

$$(f, g) = \int_{U(1)} f(t)\overline{g(t)}dt$$

と定義する. このとき, 次の事実が成り立つことが容易に確認される.

補題 2.2.6 $C^0(U(1))$ の元 f, g, h について以下が成り立つ.

(1) 複素数 α と β について

$$(\alpha f + \beta g, h) = \alpha(f, h) + \beta(g, h).$$

(2) $$(f, g) = \overline{(g, f)}.$$

(3) $$(f, f) \geq 0$$

であり, $(f, f) \geq 0 \Leftrightarrow f = 0$ が成り立つ.

したがって $(\cdot, \cdot)$ は $C^0(U(1))$ 上の Hermite 内積となる. 整数 m に対して

$$\mathbf{e}_m(t) = \exp(2\pi i m t)$$

とおくと, $\mathbf{e}_m \in C^0(U(1))$ である. これらの生成する $C^0(U(1))$ の部分線型空間を $T(U(1))$ とおく:

$$T(U(1)) = \{ \sum_{m \in \mathbb{Z}} c_m \mathbf{e}_m \mid c_m \in \mathbb{C} \text{ は有限個の } m \text{ を除いて } 0 \text{ に等しい} \}.$$

補題 2.2.7 $\{\mathbf{e}_m\}_{m \in \mathbb{Z}}$ は $T(U(1))$ の正規直交基底となる. すなわち

$$(\mathbf{e}_m, \mathbf{e}_n) = \left\{ \begin{array}{ll} 1 & (m = n) \\ 0 & (m \neq n) \end{array} \right.$$

をみたす.

証明. $(\mathbf{e}_m, \mathbf{e}_n) = \displaystyle\int_0^1 \mathbf{e}_m(t)\overline{\mathbf{e}_n(t)}dt = \int_0^1 \exp(2\pi i (m-n)t)dt$ となるが, $m \neq n$ のときは

$$\int_0^1 \exp(2\pi i (m-n)t)dt = \frac{1}{2\pi i (m-n)}(\exp(2\pi i (m-n)) - 1) = 0$$

となる. 一方, $m = n$ のときは

$$\int_0^1 \exp(2\pi i (m-n)t)dt = \int_0^1 1 dt = 1. \qquad \square$$

線型写像

$$\mathcal{F} : \mathbb{C}[\mathbb{Z}] \longrightarrow T(U(1)) \tag{2.2}$$

を

$$\mathcal{F}([m])(= \mathcal{F}(\delta_m)) = \mathbf{e}_m$$

と定義する. このとき補題 2.2.3 と補題 2.2.7 から, $\mathcal{F}$ は正規直交基底 $\{\delta_m\}_{m \in \mathbb{Z}}$ を正規直交基底 $\{\mathbf{e}_m\}_{m \in \mathbb{Z}}$ に写す, Hermite 内積を保つ線型同型写像であることが分かる. さらに整数 m と n に対して

$$\mathcal{F}([m])\mathcal{F}([n]) = \mathbf{e}_m \mathbf{e}_n = \mathbf{e}_{m+n} = \mathcal{F}([m+n])$$

となるので, $\mathcal{F}$ は $\mathbb{C}$ 上の代数としての同型となることが分かる. この写像 $\mathcal{F}$ が, 位数 n の巡回群 C_n 上の離散 Fourier 変換

$$\mathcal{F} : \mathbb{C}[C_n] \longrightarrow L^2(C_n)$$

に対応する．しかし，応用上空間 $\mathbb{C}[\mathbb{Z}]$ と $T(U(1))$ は「小さすぎる」．そこで，次の節でこれらの空間の完備化を行う．

2.3 空間の完備化

定義 2.3.1 N を 0 以上の整数とする．このとき形式的な和

$$f = \sum_{m \in \mathbb{Z}} f(m)[m] \quad (f(m) \in \mathbb{C})$$

に対して (無限個の $m \in \mathbb{Z}$ について $f(m) \neq 0$ でもよい)，

$$f^{[N]} = \sum_{|m| \leq N} f(m)[m] \in \mathbb{C}[\mathbb{Z}]$$

と定義する．また，この f と $g = \sum_{m \in \mathbb{Z}} g(m)[m]\,(g(m) \in \mathbb{C})$ に対して

$$(f, g) = \lim_{N \to \infty} (f^{[N]}, g^{[N]}) = \lim_{N \to \infty} \sum_{-N \leq m \leq N} f(m)\overline{g(m)} \qquad (2.3)$$

と定義する (ただし，右辺が収束するとき)．特に $f = g$ のときは，$\|f\|^2 = (f, f)$ と表す：

$$\|f\|^2 = \lim_{N \to \infty} \|f^{[N]}\|^2 = \lim_{N \to \infty} \sum_{-N \leq m \leq N} |f(m)|^2. \qquad (2.4)$$

補足 2.3.2 記号の簡略化のため，しばしば (2.3) と (2.4) をそれぞれ

$$(f, g) = \sum_{m \in \mathbb{Z}} f(m)\overline{g(m)}, \quad \|f\|^2 = \sum_{m \in \mathbb{Z}} |f(m)|^2$$

と表す．

定義 2.3.3 $L^2(\mathbb{Z}) = \{\sum_{m \in \mathbb{Z}} f(m)[m] \,|\, f(m) \in \mathbb{C},\, \|f\|^2 < \infty\}$

と定義する．

補足 2.3.4 定義から明らかに $\mathbb{C}[\mathbb{Z}]$ は $L^2(\mathbb{Z})$ に含まれる．$f \in L^2(\mathbb{Z})$ に対して

$$\|f\| = \sqrt{\sum_{m \in \mathbb{Z}} |f(m)|^2}$$

と表すと，定義から

58　第 2 章　周期関数の Fourier 変換

$$\|f\| = \lim_{N \to \infty} \|f^{[N]}\| \tag{2.5}$$

である.

次の補題は $\|\cdot\|$ の定義から直ちにしたがう.

補題 2.3.5 $f = \sum_{m \in \mathbb{Z}} f(m)[m] \in L^2(\mathbb{Z})$ とすると,

$$|f(m)| \leq \|f\| \quad (\forall m)$$

が成り立つ.

定義 2.3.6 $f = \sum_{m \in \mathbb{Z}} f(m)[m] \in L^2(\mathbb{Z})$ の台 $\sigma(f)$ を

$$\sigma(f) = \{m \in \mathbb{Z} \,|\, f(m) \neq 0\}$$

により定義する.

補題 2.3.7 $f, g \in L^2(\mathbb{Z})$ とする. もし $\sigma(f) \cap \sigma(g) = \phi$ であれば

$$(f, g) = 0$$

となる.

証明. 仮定から

$$(f, g) = \sum_{m \in \mathbb{Z}} f(m)\overline{g(m)}$$

において, 任意の m に対して $f(m)$ あるいは $g(m)$ の少なくとも 1 つは 0 である. したがって, すべての m について $f(m)\overline{g(m)} = 0$ となるので等式が得られる. □

系 2.3.8 $f, g \in L^2(\mathbb{Z})$ に対して

$$(f^{[N]}, g - g^{[N]}) = 0$$

が成り立つ.

証明. $\sigma(f^{[N]}) \subseteq [-N, N] \cap \mathbb{Z}$, $\sigma(g - g^{[N]}) \subseteq \mathbb{Z} \setminus ([-N, N] \cap \mathbb{Z})$ なので, 補題 2.3.7 からしたがう. □

$f, g \in \mathbb{C}[\mathbb{Z}]$ とする．このとき
$$f = f^{[N]} + (f - f^{[N]}), \quad g = g^{[N]} + (g - g^{[N]})$$
と表して展開すると，

$$\begin{aligned}
&(f, g) \\
&= (f^{[N]} + (f - f^{[N]}), g^{[N]} + (g - g^{[N]})) \\
&= (f^{[N]}, g^{[N]}) + (f^{[N]}, g - g^{[N]}) + (f - f^{[N]}, g^{[N]}) + (f - f^{[N]}, g - g^{[N]})
\end{aligned}$$

となるが，系 2.3.8 から
$$(f, g) = (f^{[N]}, g^{[N]}) + (f - f^{[N]}, g - g^{[N]})$$
が分かる．この計算を命題としてまとめておく．

命題 2.3.9 $f, g \in \mathbb{C}[\mathbb{Z}]$ とすると，0 以上の勝手な整数 N について
$$(f, g) = (f^{[N]}, g^{[N]}) + (f - f^{[N]}, g - g^{[N]})$$
が成り立つ．特に
$$\|f\|^2 = \|f^{[N]}\|^2 + \|f - f^{[N]}\|^2.$$

$f \in L^2(\mathbb{Z})$ とする．このとき $0 < N \le M$ に対して
$$\|f^{[M]}\|^2 = \|f^{[N]}\|^2 + \|f^{[M]} - f^{[N]}\|^2 \ge \|f^{[N]}\|^2 \tag{2.6}$$
となるので，$\{\|f^{[N]}\|^2\}_N$ は単調増加数列であることが分かり，(2.5) から $\|f\|^2$ に収束する．また $M \to \infty$ として
$$\|f\|^2 = \|f^{[N]}\|^2 + \|f - f^{[N]}\|^2$$
を得る．したがって次の命題が示された．

命題 2.3.10 $f \in L^2(\mathbb{Z})$ とすると数列 $\{\|f^{[N]}\|^2\}_N$ は単調増加であり，
$$\|f\|^2 = \|f^{[N]}\|^2 + \|f - f^{[N]}\|^2$$
が成り立つ．特に
$$\lim_{N \to \infty} \|f - f^{[N]}\| = 0.$$

$f, g \in L^2(\mathbb{Z})$ に対して，$\mu_N = (f^{[N]}, g^{[N]})$ とおく．このとき $M \ge N$ となる整数 M と N について，命題 2.3.9 から

$$(f^{[M]}, g^{[M]}) = (f^{[N]}, g^{[N]}) + (f^{[M]} - f^{[N]}, g^{[M]} - g^{[N]}) \tag{2.7}$$

となるので，命題 A.1.10 (付録) の不等式から

$$\begin{aligned}
|\mu_M - \mu_N| &= |(f^{[M]}, g^{[M]}) - (f^{[N]}, g^{[N]})| \\
&= |(f^{[M]} - f^{[N]}, g^{[M]} - g^{[N]})| \\
&\leq \|f^{[M]} - f^{[N]}\| \cdot \|g^{[M]} - g^{[N]}\|
\end{aligned}$$

となる．ここで，命題 2.3.10 から $\{\|f^{[N]}\|\}_N$ と $\{\|g^{[N]}\|\}_N$ はともに Cauchy 列となるので，$\{\mu_N\}_N$ も Cauchy 列となり，$\mathbb{C}$ の完備性からある複素数に収束する．その極限を (f, g) と表す：

$$(f, g) = \lim_{N \to \infty} (f^{[N]}, g^{[N]}). \tag{2.8}$$

補題 2.3.11 $L^2(\mathbb{Z})$ は $\mathbb{C}$ 上の線型空間である．

証明. $f, g \in L^2(\mathbb{Z})$ とし，α を複素数とする．このとき $\|\alpha f\|$ と $\|f + g\|$ が有限であることをいえばよい．前半は

$$\|\alpha f\| = \lim_{N \to \infty} \|\alpha f^{[N]}\| = |\alpha| \lim_{N \to \infty} \|f^{[N]}\| = |\alpha| \|f\| < \infty$$

から分かる．後半は (2.8) を用いて

$$\begin{aligned}
\|f + g\|^2 &= \lim_{N \to \infty} (f^{[N]} + g^{[N]}, f^{[N]} + g^{[N]}) \\
&= \lim_{N \to \infty} [(f^{[N]}, f^{[N]}) + (g^{[N]}, f^{[N]}) + (f^{[N]}, g^{[N]}) + (g^{[N]}, g^{[N]})] \\
&= \|f\|^2 + (f, g) + (g, f) + \|g\|^2
\end{aligned}$$

からしたがう． $\square$

すべての N について，$(f^{[N]}, g^{[N]})$ は Hermite 内積の条件をみたすので，(2.8) から次の命題が得られる．

命題 2.3.12 (2.8) は $L^2(\mathbb{Z})$ における Hermite 内積を定める．

証明. $f \in L^2(\mathbb{Z})$ とする．

$$f = 0 \iff (f, f) = 0$$

のみを示そう (これ以外の主張は (2.8) と $\mathbb{C}[\mathbb{Z}]$ における Hermite 内積の条件から直ちに得られる)．$\Rightarrow$ は明らかなので，$\Leftarrow$ を示す．$f = \sum_{m \in \mathbb{Z}} f_m[m]$ と表

したとき，定義から

$$\|f\|^2 = \sum_{m\in\mathbb{Z}} |f_m|^2$$

である．したがって $\|f\| = 0$ とすると，すべての m について $f_m = 0$ でなければならない． $\square$

命題 2.3.13 $\mathbb{C}[\mathbb{Z}]$ は $L^2(\mathbb{Z})$ の稠密な線型部分空間である．

証明． $f \in L^2(\mathbb{Z})$ としたとき，$\forall \varepsilon > 0$ について

$$\|f - f_0\| < \varepsilon$$

をみたす $f_0 \in \mathbb{C}[\mathbb{Z}]$ が存在することをいえばよい．しかし勝手な自然数 N に対して $f^{[N]} \in \mathbb{C}[\mathbb{Z}]$ であるから，命題 2.3.10 から主張がしたがう． $\square$

命題 2.3.14 $L^2(\mathbb{Z})$ は，(2.8) で定めた Hermite 内積の定めるノルムについて，完備である．

証明． 完備性の定義から，$L^2(\mathbb{Z})$ における Cauchy 列 $\{f_n\}_n$ が収束することを示せばよい．すなわち証明すべきことは次の主張である．

主張 2.3.15 $\{f_n\}_n$ を $L^2(\mathbb{Z})$ における点列とする．もし勝手な正の数 ε に対し，ある自然数 n_0 が存在して

$$\forall m, n \geq n_0 \Longrightarrow \|f_m - f_n\| < \varepsilon$$

がみたされるのであれば，$L^2(\mathbb{Z})$ の元 f で

$$\lim_{n\to\infty} \|f_n - f\| = 0 \tag{2.9}$$

となるものが存在する．

主張の証明． (1) (f の構成) 補題 2.3.5 から $\forall k \in \mathbb{Z}$ について，

$$|f_m(k) - f_n(k)| \leq \|f_m - f_n\|$$

となるので，$\{f_n(k)\}_n$ が Cauchy 列であることが分かる．ここで $\mathbb{C}$ は完備であるから，極限 $\lim_{n\to\infty} f_n(k)$ が存在する．その極限を $f(k)$ で表し，

$$f = \sum_{k\in\mathbb{Z}} f(k)[k]$$

とおく．

62 第 2 章 周期関数の Fourier 変換

(2) ($\|f\|$ の有限性) 命題 2.3.10 から $M \geq N$ のとき

$$\|f^{[M]}\|^2 = \|f^{[N]}\|^2 + \|f^{[M]} - f^{[N]}\|^2 \geq \|f^{[N]}\|^2$$

となるので数列 $\{\|f^{[N]}\|\}_N$ は単調増加となる. したがってある正の数 A が存在し,

$$\|f^{[N]}\| \leq A \quad (\forall N)$$

を示せばよい. 実際, 単調増加で上に有界な数列は収束するので, 求める主張

$$\|f\| = \lim_{N \to \infty} \|f^{[N]}\| \leq A$$

がしたがう. 主張 2.3.15 における仮定の ε を 1 とすると, 自然数 n_0 が存在し

$$\forall m, n \geq n_0 \implies \|f_m - f_n\| \leq 1$$

が成り立つことが分かる. $m = n_0$ ととり, 不等式 $\|f_n\| \leq \|f_m\| + \|f_n - f_m\|$ (系 A.1.9(付録)) を用いると

$$\forall n \geq n_0 \implies \|f_n\| \leq \|f_{n_0}\| + 1$$

を得る. ここで $A = \|f_{n_0}\| + 1$ とおき, すべての自然数 N について $\|f_n^{[N]}\| \leq \|f_n\|$ が成立することに注意すれば,

$$\forall n \geq n_0 \implies \|f_n^{[N]}\| \leq A \quad (\forall N)$$

が得られる. さらに $n \to \infty$ とすれば, f の構成から $\lim_{n \to \infty} f_n^{[N]} = f^{[N]}$ なので, 求める不等式

$$\|f^{[N]}\| \leq A \quad (\forall N)$$

がしたがう.

(3) 最後に $\lim_{n \to \infty} f_n = f$ であることを示す. すなわち, 次の主張が成り立てば良い.

主張 2.3.16 勝手な正の数 ε に対して, ある自然数 n_0 が存在し

$$\forall n \geq n_0 \implies \|f_n - f\| < \varepsilon$$

が成り立つ.

実際, 命題 2.3.10 より, 勝手な自然数 N について $\|f_m^{[N]} - f_n^{[N]}\| \leq \|f_m - f_n\|$ が成り立つ. したがって, $\{f_m\}_m$ が Cauchy 列であることより (主張 2.3.15

の仮定), 勝手な正の数 ε に対して, ある自然数 n_0 が存在し

$$\forall m, n \geq n_0 \Longrightarrow \|f_m^{[N]} - f_n^{[N]}\| < \frac{\varepsilon}{2} \quad (\forall N)$$

となる. f の定義から $\lim_{m \to \infty} f_m^{[N]} = f^{[N]}$ が成り立つので, $m \to \infty$ として,

$$\forall n \geq n_0 \Longrightarrow \|f^{[N]} - f_n^{[N]}\| \leq \frac{\varepsilon}{2}$$

を得る. ここで $\varepsilon/2$ は N に無関係だから, $N \to \infty$ とすると

$$\forall n \geq n_0 \Longrightarrow \|f - f_n\| \leq \frac{\varepsilon}{2} < \varepsilon$$

となり主張 2.3.16 が示された. □

命題 2.3.13, 命題 2.3.14 と補題 2.2.3 をあわせて, 次の定理が得られる.

定理 2.3.17 $L^2(\mathbb{Z})$ は $\{[m]\}_{m \in \mathbb{Z}}$ を正規直交基底とする完備な Hilbert 空間となり, $\mathbb{C}[\mathbb{Z}]$ はその稠密な線型部分空間である.

定義 2.3.18 周期 1 の 2 乗可積分関数全体の空間を

$$L^2(U(1)) = \Big\{ \sum_{m \in \mathbb{Z}} c_m \mathbf{e}_m \,\big|\, c_m \in \mathbb{C}, \ \sum_{m \in \mathbb{Z}} |c_m|^2 < \infty \Big\}$$

と定義する.

線型同型 (2.2) は Hermite 内積を保つのであった. したがって, $T(U(1))$ 上に積分を用いて定義された Hermite 内積は, $L^2(U(1))$ 上の Hermite 内積に

$$(f, g) = \lim_{N \to \infty} \sum_{-N \leq m \leq N} f_m \overline{g_m} \tag{2.10}$$

により自然に拡張される. ここで,

$$f = \sum_{m \in \mathbb{Z}} f_m \mathbf{e}_m, \ g = \sum_{m \in \mathbb{Z}} g_m \mathbf{e}_m \in L^2(U(1))$$

であり, 命題 2.3.12 から (2.10) の右辺は収束する. このとき, (2.2) は線型同型

$$\mathcal{F} : L^2(\mathbb{Z}) \longrightarrow L^2(U(1)), \quad \mathcal{F}(\sum_{m \in \mathbb{Z}} f_m[m]) = \sum_{m \in \mathbb{Z}} f_m \mathbf{e}_m \tag{2.11}$$

に拡張され, $L^2(U(1))$ の Hermite 内積の定義 (2.10) から

$$(\mathcal{F}f, \mathcal{F}g) = (f, g) \quad (f, g \in L^2(\mathbb{Z})) \tag{2.12}$$

が成り立つので, 定理 2.3.17 は次の定理を導く.

定理 2.3.19 $L^2(U(1))$ は $\{\mathbf{e}_m\}_m$ を正規直交基底とする Hilbert 空間となり，$T(U(1))$ はその稠密な線型部分空間である．

補題 2.3.20 $a = \sum_m a(m)[m] \in \mathbb{C}[\mathbb{Z}]$ と $f \in L^2(\mathbb{Z})$ について，

$$\|af\| \leq (\sum_m |a(m)|)\|f\| \tag{2.13}$$

が成り立つ．

証明. $f = \sum_{k \in \mathbb{Z}} f(k)[k]$ と $[m]$ の積は

$$[m]f = \sum_{m \in \mathbb{Z}} f(k)[k+m]$$

となるので，

$$\|[m]f\|^2 = \sum_{k \in \mathbb{Z}} |f(k)|^2 = \|f\|^2$$

が分かる．したがって

$$\|af\| = \|\sum_m a(m)([m]f)\| \leq \sum_m |a(m)|\|[m]f\| = (\sum_m |a(m)|) \cdot \|f\|$$

となり，主張がしたがう． $\qquad\square$

補題 2.3.20 から，$L^2(\mathbb{Z})$ は $\mathbb{C}[\mathbb{Z}]$ 加群となることが分かる．同型 (2.2) と (2.11) を用いると，$a = \sum_m a_m \mathbf{e}_m \in T(U(1))$ と $f \in L^2(U(1))$ についても (2.13) が成り立つことが分かるので，可換環としての同型 (2.2) により $\mathbb{C}[\mathbb{Z}]$ と $T(U(1))$ を同一視すれば，(2.11) は $\mathbb{C}[\mathbb{Z}]$ 加群としての同型を与える．

2.4 Fejér 級数

定義 2.4.1 $f \in C^0(U(1))$ の**一様ノルム**を

$$\|f\|_\infty = \sup_{x \in [-1/2, 1/2]} |f(x)|$$

と定義する．

補足 2.4.2 f は周期 1 の周期関数なので，任意の実数 α について

$$\|f\|_\infty = \sup_{x \in [\alpha, \alpha+1]} |f(x)| = \sup_{x \in \mathbb{R}} |f(x)|$$

が成り立つ.

補題 2.4.3 (1) $f \in C^0(U(1))$ について $\|f\|_\infty \geq 0$ となる. さらに,
$$\|f\|_\infty = 0 \Longleftrightarrow f = 0$$
が成り立つ.

(2) $f \in C^0(U(1))$ と複素数 α について
$$\|\alpha f\|_\infty = |\alpha| \cdot \|f\|_\infty$$
が成り立つ.

(3) $f, g \in C^0(U(1))$ について
$$\|f + g\|_\infty \leq \|f\|_\infty + \|g\|_\infty$$
が成立する.

証明. (1) と (2) はすぐに分かるので, (3) を示す.
$$\|f + g\|_\infty = \sup_{x \in [0,1]} |(f + g)(x)|$$
$$\leq \sup_{x \in [0,1]} \{|f(x)| + |g(x)|\}.$$
ここで定義から, $\forall x \in [0,1]$ について $|f(x)| \leq \|f\|_\infty$ と $|g(x)| \leq \|g\|_\infty$ が成り立つので
$$|f(x)| + |g(x)| \leq \|f\| + \|g\| \quad (\forall x \in [0,1])$$
を得る. したがって
$$\|f + g\|_\infty = \sup_{x \in [0,1]} \{|f(x)| + |g(x)|\} \leq \|f\|_\infty + \|g\|_\infty. \qquad \square$$

以下の事実は次節で用いる.

事実 2.4.4 (付録:定理 A.2.1) $C^0(U(1))$ は, 一様ノルムについて完備である.

命題 2.4.5 $f \in C^0(U(1))$ について
$$\|f\| \leq \|f\|_\infty$$
が成り立つ.

66   第 2 章　周期関数の Fourier 変換

証明. 一様ノルムの定義から

$$|f(x)| \leq \|f\|_\infty \quad (\forall x \in \mathbb{R})$$

が成り立つので,

$$\|f\|^2 = \int_{U(1)} |f(x)|^2 dx \leq \int_{U(1)} \|f\|_\infty^2 dx = \|f\|_\infty^2$$

となる.　　　　　　　　　　　　　　　　　　　　　　　　　　□

n 次巡回群 C_n 上の離散 Fourier 変換では,　0 に台をもつ Dirac 関数 δ_0 は (1.7) で説明したように

$$f * \delta_0 = f \quad (\forall f \in L^2(C_n))$$

をみたす.　この節の目標は,　$C^0(U(1))$ において δ_0 を近似する関数列 (Fejér 核関数列) を構成することである.

定義 2.4.6 (Fejér 核関数)　正の整数 n について n 番目の **Fejér 核関数**を

$$K_n = \sum_{k=-n}^{n} \frac{n+1-|k|}{n+1} \mathbf{e}_k \in T(U(1))$$

と定義する.

次の定理から,　$\{K_n\}_n$ が Dirac 関数 δ_0 を近似することが分かる.

定理 2.4.7 (1) すべての n について

$$K_n(x) \geq 0 \quad (\forall x \in \mathbb{R})$$

が成り立つ.

(2) $0 < \delta < 1/2$ に対して

$$A_\delta = \left\{ x \in \mathbb{R} \mid -\frac{1}{2} \leq x \leq -\delta,\, \delta \leq x \leq \frac{1}{2} \right\}$$

とおく.　このとき関数列 $\{K_n\}_n$ は A_δ 上で 0 に一様収束する.

(3) すべての n について

$$\int_{U(1)} K_n(x) dx = 1$$

が成り立つ.

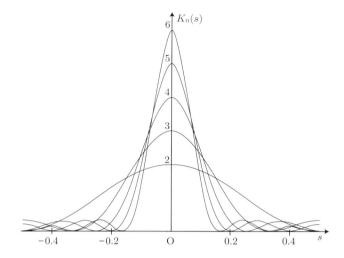

この定理を証明するために，補題と命題を準備する．

補題 2.4.8 正の整数 n について
$$\Big(\sum_{k=0}^{n}\exp\Big(2\pi i\Big(k-\frac{n}{2}\Big)x\Big)\Big)^{2}=\sum_{r=-n}^{n}(n+1-|r|)\exp(2\pi irx)$$
が成り立つ．

証明． まず左辺を展開する：
$$\Big(\sum_{k=0}^{n}\exp\Big(2\pi i\Big(k-\frac{n}{2}\Big)x\Big)\Big)^{2}=\sum_{k=0}^{n}\exp\Big(2\pi i\Big(k-\frac{n}{2}\Big)x\Big)$$
$$\cdot\sum_{l=0}^{n}\exp\Big(2\pi i\Big(l-\frac{n}{2}\Big)x\Big)$$
$$=\sum_{k=0}^{n}\sum_{l=0}^{n}\exp(2\pi i(k+l-n)x)$$

ここで $-n\leq r\leq n$ となる整数 r について
$$I_{r}=\{(k,l)\in\mathbb{Z}^{2}\,|\,0\leq k,l\leq n,\quad k+l-n=r\}$$
とおくと，その個数 $|I_r|$ は
$$|I_{r}|=\begin{cases}n-r+1 & (r\geq 0)\\ n+r-1 & (r<0)\end{cases}$$

68　第 2 章　周期関数の Fourier 変換

$$= n + 1 - |r|$$

なので，$r = k + l - n$ とおいて上の式を書き直せば

$$\sum_{k=0}^{n} \sum_{l=0}^{n} \exp(2\pi i(k + l - n)x) = \sum_{r=-n}^{n} (n + 1 - |r|) \exp(2\pi irx)$$

となる．　　　　　　　　　　　　　　　　　　　　　　　　　　□

命題 2.4.9 (1) $\qquad\qquad K_n(0) = n + 1.$

(2) $x \neq 0$ とすると，

$$K_n(x) = \frac{1}{n + 1}\Big(\frac{\sin(n + 1)\pi x}{\sin \pi x}\Big)^2.$$

証明. (1) 単純な計算からしたがう．実際，

$$K_n(0) = \sum_{k=-n}^{n} \frac{n + 1 - |k|}{n + 1}$$

$$= \sum_{k=-n}^{n} \Big(1 - \frac{|k|}{n + 1}\Big)$$

$$= 2n + 1 - \frac{2}{n + 1} \sum_{k=1}^{n} k$$

$$= 2n + 1 - \frac{2}{n + 1} \frac{n(n + 1)}{2}$$

$$= 2n + 1 - n = n + 1.$$

(2) 計算を見やすくするため，

$$\mathbf{e}(x) = \exp(2\pi ix)$$

とおく．補題 2.4.8 を用いて計算すると，

$$K_n(x) = \frac{1}{n + 1} \sum_{k=-n}^{n} (n + 1 - |k|)\mathbf{e}(kx)$$

$$= \frac{1}{n + 1}\Big(\sum_{k=0}^{n} \mathbf{e}\Big(k - \frac{n}{2}\Big)x\Big)^2$$

$$= \frac{1}{n + 1}\Big(\mathbf{e}\Big(-\frac{n}{2}x\Big) \sum_{k=0}^{n} \mathbf{e}(kx)\Big)^2$$

となる．ここで等比級数の公式から

$$\sum_{k=0}^{n} \mathbf{e}(kx) = \frac{1 - \mathbf{e}((n + 1)x)}{1 - \mathbf{e}(x)}$$

なので，これを代入して

$$K_n(x) = \frac{1}{n+1}\Big(\mathbf{e}\Big(-\frac{n}{2}x\Big)\frac{1-\mathbf{e}((n+1)x)}{1-\mathbf{e}(x)}\Big)^2$$

$$= \frac{1}{n+1}\Big(\frac{\mathbf{e}(-(n+1)x/2)-\mathbf{e}((n+1)x/2)}{\mathbf{e}(-x/2)-\mathbf{e}(x/2)}\Big)^2$$

を得る．さらに Euler の等式より

$$\mathbf{e}(x) - \mathbf{e}(-x) = 2i\sin 2\pi x$$

となるので，求める等式

$$K_n(x) = \frac{1}{n+1}\Big(\frac{\sin(\pi(n+1)x)}{\sin(\pi x)}\Big)^2$$

がしたがう． □

証明 (定理 2.4.7 の証明). (1) 命題 2.4.9 から明らかである．

(2) $x \in A$ について

$$\sin(\pi\delta) \le |\sin(\pi x)| \le 1, \quad |\sin(\pi(n+1)x)| \le 1$$

が成り立つので，命題 2.4.9(2) から

$$K_n(x) = \frac{1}{n+1}\Big(\frac{\sin(\pi(n+1)x)}{\sin(\pi x)}\Big)^2$$

$$\le \frac{1}{n+1}\Big(\frac{1}{\sin(\pi x)}\Big)^2$$

$$\le \frac{1}{n+1}\Big(\frac{1}{\sin(\pi\delta)}\Big)^2$$

が分かる．すなわち

$$\sup\{|K_n(x)| \mid x \in A\} \le \frac{1}{n+1}\Big(\frac{1}{\sin(\pi\delta)}\Big)^2$$

となるので主張がしたがう．

(3) $$\int_{U(1)} \mathbf{e}(kx)dx = \int_0^1 \exp(2\pi ikx)ds = \begin{cases} 1 & (k=0) \\ 0 & (k\neq 0) \end{cases}$$

を用いて計算すると，

$$\int_{U(1)} K_n(x)dx = \frac{1}{n+1}\sum_{k=-n}^n (n+1-|k|)\int_{U(1)} \mathbf{e}(kx)dx$$

70　第 2 章　周期関数の Fourier 変換

$$= \frac{n+1}{n+1} = 1$$

となり，求める等式を得る． □

$f \in C^0(U(1))$ と K_n のたたみ込みはどのような関数になるであろうか．その結論を説明するために，Fejér 級数を導入する．

定義 2.4.10 (Fejér 級数) $f \in C^0(U(1))$ とする．正の整数 n について，n 番目の **Fejér 級数**を

$$\phi_n(f) = \sum_{k=-n}^{n} \frac{n+1-|k|}{n+1}(f, \mathbf{e}_k)\mathbf{e}_k \in T(U(1))$$

と定義する．

Fejér 級数の明示式は

$$\phi_n(f)(x) = \sum_{k=-n}^{n} \frac{n+1-|k|}{n+1}\Big(\int_{U(1)} f(y)\mathbf{e}_{-k}(y)dy\Big)\mathbf{e}_k(x) \tag{2.14}$$

である．Fejér 核関数 K_n と $f \in C^0(U(1))$ のたたみ込みは，Fejér 級数と次のように関係する．

命題 2.4.11 正の整数 n について

$$\phi_n(f)(x) = \int_{U(1)} f(y)K_n(x-y)dy = \int_{U(1)} f(x-y)K_n(y)dy$$

が成り立つ．

証明.
$$\begin{aligned}
\mathbf{e}_k(x-y) &= \exp(2\pi i k(x-y)) \\
&= \exp(2\pi i k x)\exp(2\pi i(-k)y) \\
&= \mathbf{e}_k(x)\mathbf{e}_{-k}(y)
\end{aligned}$$

を (2.14) に代入すると，

$$\begin{aligned}
\phi_n(f)(x) &= \sum_{k=-n}^{n} \frac{n+1-|k|}{n+1}\Big(\int_{U(1)} f(y)\mathbf{e}_{-k}(y)dy\Big)\mathbf{e}_k(x) \\
&= \int_{U(1)} f(y)\Big(\sum_{k=-n}^{n} \frac{n+1-|k|}{n+1}\mathbf{e}_k(x-y)\Big)dy \\
&= \int_{U(1)} f(y)K_n(x-y)dy
\end{aligned}$$

となり，最初の等式が示された．後半の等式は，得られた等式を $z = x - y$ と
変数変換すればよい．実際，補題 2.2.5 を用いて

$$
\begin{aligned}
\int_{U(1)} f(y)K_n(x-y)dy &= \int_0^1 f(y)K_n(x-y)dy \\
&= -\int_x^{x-1} f(x-z)K_n(z)dz \\
&= \int_{x-1}^x f(x-z)K_n(z)dz \\
&= \int_{U(1)} f(x-z)K_n(z)dz
\end{aligned}
$$

となる． $\square$

次の定理が，C_n 上の離散 Fourier 変換における等式

$$
f * \delta_0 = f \quad (\forall f \in L^2(C_n))
$$

に対応する．

定理 2.4.12 (1) $f \in C^0(U(1))$ としたとき，$\left[-\dfrac{1}{2}, \dfrac{1}{2} \right]$ 上で $\phi_n(f)$ は f に
一様収束する：

$$
\lim_{n \to \infty} \| f - \phi_n(f) \|_\infty = 0
$$

(2) $f, g \in C^0(U(1))$ とする．もしすべての整数 k に対して $(f, \mathbf{e}_k) = (g, \mathbf{e}_k)$ が成り立つのであれば，$f = g$ である．

証明 (定理 2.4.12 の証明). (1) 定義から $f \in C^0(U(1))$ は，

$$
f(0) = f(1)
$$

をみたす，閉区間 $[0,1]$ 上定義された連続関数であるため，一様連続関数となり，次の主張が成立する．

主張 2.4.13 勝手な正の数 ε に対して，ある $\delta > 0$ が存在し

$$
|x - y| < \delta \Rightarrow |f(x) - f(y)| < \varepsilon
$$

が成り立つ．

注意 2.4.14 δ は ε に依存して決まるので，$\delta(\varepsilon)$ と表すことが多い．

72　第 2 章　周期関数の Fourier 変換

いま勝手に与えられた $\varepsilon > 0$ に対して, 主張 2.4.13 にしたがって $\delta = \delta(\varepsilon) > 0$ を

$$|x - y| < 2\delta \Longrightarrow |f(x) - f(y)| < \frac{\varepsilon}{2} \tag{2.15}$$

となるようにとる. まず, 定理 2.4.7(3) を用いて,

$$\begin{aligned}
|\phi_n(f)(x) - f(x)| &= \Big| \int_{U(1)} f(x - y) K_n(y) dy - f(x) \int_{U(1)} K_n(y) dy \Big| \\
&= \Big| \int_{U(1)} (f(x - y) - f(x)) K_n(y) dy \Big| \\
&= \Big| \int_{-1/2}^{1/2} (f(x - y) - f(x)) K_n(y) dy \Big| \\
&\le \int_{-1/2}^{1/2} |f(x - y) - f(x)| K_n(y) dy
\end{aligned}$$

と評価する. 最後の不等式で $K_n(y) \ge 0$ ($\forall y$) (定理 2.4.7(1)) を用いた. 右辺を

$$\begin{aligned}
&\int_{-1/2}^{1/2} |f(x - y) - f(x)| K_n(y) dy \\
&= \int_{\delta}^{1/2} |f(x - y) - f(x)| K_n(y) dy \\
&\quad + \int_{-\delta}^{\delta} |f(x - y) - f(x)| K_n(y) dy \\
&\quad + \int_{-1/2}^{-\delta} |f(x - y) - f(x)| K_n(y) dy
\end{aligned}$$

と分けて, 第 2 項を評価しよう. (2.15) に注意して, 定理 2.4.7(1) と定理 2.4.7(3) を用いると,

$$\begin{aligned}
\int_{-\delta}^{\delta} |f(x - y) - f(x)| K_n(y) dy &\le \frac{\varepsilon}{2} \int_{-\delta}^{\delta} K_n(y) dy \\
&\le \frac{\varepsilon}{2} \int_{-1/2}^{1/2} K_n(y) dy = \frac{\varepsilon}{2}
\end{aligned}$$

を得る. 次に第 1 項と第 3 項を評価する. M を f の最大値とすると, 定理 2.4.7(2) からある自然数 N が存在し,

$$\forall n \ge N \Longrightarrow 0 \le K_n(y) \le \frac{\varepsilon}{4M} \quad \Big(\forall y \in \Big[-\frac{1}{2}, -\delta \Big] \cup \Big[\delta, \frac{1}{2} \Big] \Big)$$

が成り立つので，$\forall n \geq N$ について

$$\int_\delta^{1/2} |f(x-y) - f(x)| K_n(y) dy \leq \int_\delta^{1/2} (|f(x-y)| + |f(x)|) K_n(y) dy$$

$$\leq 2M \int_\delta^{1/2} K_n(y) dy$$

$$\leq 2M \cdot \frac{\varepsilon}{4M} \cdot \frac{1}{2} = \frac{\varepsilon}{4}$$

を得る．同様に $\forall n \geq N$ に対して，

$$\int_{-1/2}^{-\delta} |f(x-y) - f(x)| K_n(y) dy \leq \frac{\varepsilon}{4}$$

が成り立つことが分かる．これらの評価をあわせて

$$\forall n \geq N \Longrightarrow |\phi_n(f)(x) - f(x)| \leq \varepsilon \quad (\forall x)$$

となり，

$$\forall n \geq N \Longrightarrow \|\phi_n(f) - f\|_\infty \leq \varepsilon$$

が得られた．

(2) 仮定を定義 2.4.10 にあてはめると

$$\phi_n(f) = \phi_n(g) \quad (\forall n)$$

が分かるので，主張は (1) からしたがう． $\qquad\square$

定理 2.4.12 から，$f \in C^0(U(1))$ はいくらでも精度良く $T(U(1))$ の元，$\phi_n(f)$ で近似されることが分かるが，この事実が Fourier 級数展開の基礎となる．Fourier 変換の理論において最も本質的なところは，今まで解説した Dirac 関数 δ_0 に対応する Fejér 核関数列 $\{K_n\}_n$ の構成である．

$f \in C^0(U(1))$ とする．定理 2.4.12(1) から，Fejér 列 $\{\phi_n(f)\}_n$ は一様ノルムについて $T(U(1))$ における Cauchy 列となることが分かる．したがって命題 2.4.5 から $L^2(U(1))$ における Cauchy 列となり，$L^2(U(1))$ の完備性から収束する．その極限を $\tau(f)$ で表し，f の **Fourier 級数展開**とよぶことにする．

定理 2.4.15 すべての整数 k について

$$(\tau(f), \mathbf{e}_k) = (f, \mathbf{e}_k)$$

74 第 2 章 周期関数の Fourier 変換

が成り立つ.

証明. 命題 A.1.10(付録) を用いると,

$$|(\tau(f), \mathbf{e}_k) - (f, \mathbf{e}_k)| = |(\tau(f) - f, \mathbf{e}_k)|$$
$$\leq \|\tau(f) - f\| \cdot \|\mathbf{e}_k\|$$
$$= \|\tau(f) - f\|$$

となるので, 右辺が 0 に等しいことを示せばよい. 三角不等式 (付録：系 A.1.9) と命題 2.4.5 から

$$\|\tau(f) - f\| \leq \|\tau(f) - \phi_n(f)\| + \|\phi_n(f) - f\|$$
$$\leq \|\tau(f) - \phi_n(f)\| + \|\phi_n(f) - f\|_\infty$$

となるが, $n \to \infty$ としたとき $\|\tau(f) - \phi_n(f)\|$ と $\|\phi_n(f) - f\|_\infty$ は, それぞれ $\tau(f)$ の定義と定理 2.4.12 から, ともに 0 に収束するので $\|\tau(f) - f\| = 0$ を得る. □

この定理から

$$\tau(f) = \sum_{k \in \mathbb{Z}} (f, \mathbf{e}_k) \mathbf{e}_k \tag{2.16}$$

を得る. これを f の **Fourier 級数展開** (あるいは **Fourier 展開**) とよぶ. 特に, $f \in T(U(1))$ のときは

$$\tau(f) = f \tag{2.17}$$

が成り立つことが分かる. 以上の考察を定理としてまとめておく.

定理 2.4.16 $f \in C^0(U(1))$ は,

$$\tau(f) = \sum_{k \in \mathbb{Z}} (f, \mathbf{e}_k) \mathbf{e}_k$$

と Fourier 級数展開される. 特に $f \in T(U(1))$ のときは, $\tau(f)$ は f に他ならない.

定理 2.4.17 $f, g \in C^0(U(1))$ としたとき,

$$(\tau(f), \tau(g)) = \int_{U(1)} f(x)\overline{g(x)}dx$$

が成り立つ.

証明. f と g の Fejér 列 $\{\phi_n(f)\}_n$ と $\{\phi_n(g)\}_n$ を用いると, 定理 2.4.12(1) から

$$\int_{U(1)} f(x)\overline{g(x)}dx = \lim_{n\to\infty}\int_{U(1)}\phi_n(f)(x)\overline{\phi_n(g)(x)}dx$$

$$= \lim_{n\to\infty}(\phi_n(f),\phi_n(g))$$

が分かる. 一方 $\tau(f)$ と $\tau(g)$ の定義から

$$\lim_{n\to\infty}\|\tau(f)-\phi_n(f)\| = \lim_{n\to\infty}\|\tau(g)-\phi_n(g)\| = 0$$

なので,

$$\lim_{n\to\infty}(\phi_n(f),\phi_n(g)) = (\tau(f),\tau(g)) \tag{2.18}$$

が成り立つ. したがって最初の等式と (2.18) から主張が得られる. $\qquad\square$

ここまでの結果をまとめよう. 線型写像

$$\tau : C^0(U(1)) \longrightarrow L^2(U(1))$$

は, (2.16) と定理 2.4.12(2) から単射であり, 定理 2.4.17 から Hermite 内積を保つことが分かる. また定理 2.4.16 から $f \in T(U(1))$ のときは $\tau(f) = f$ が成り立つことがわかる. (2.11) で構成した線型写像

$$\mathcal{F} : L^2(\mathbb{Z}) \longrightarrow L^2(U(1))$$

は Hilbert 空間としての同型を与えた. したがって

$$\mathcal{F}^{-1}\circ\tau : C^0(U(1)) \longrightarrow L^2(\mathbb{Z})$$

は Hermite 内積を保つ単射線型写像となるが, これは連続関数を**情報の損失無く離散的なデータ (数列) に置き換えることが可能である**ことを意味する. この事実は様々な応用の基本となる. いくつかの補足を述べて, この節を終えることにする.

定理 2.4.18 $f \in C^0(U(1))$ が実数値関数のときは, すべての n について $\phi_n(f)$ も実数値関数となる.

定理の証明のため, 補題を用意する.

補題 2.4.19 $f \in C^0(U(1))$ を実数値関数とすると, すべての整数 k について

76　第 2 章　周期関数の Fourier 変換

$$\overline{(f, \mathbf{e}_k)} = (f, \mathbf{e}_{-k})$$

が成り立つ.

証明. $\overline{f} = f$ に注意して計算すると,

$$\overline{(f, \mathbf{e}_k)} = \overline{\int_{U(1)} f(x)\mathbf{e}_{-k}(x)dx} = \int_{U(1)} f(x)\mathbf{e}_k(x)dx$$
$$= (f, \mathbf{e}_{-k}). \qquad \square$$

補題 2.4.20 $$P(x) = \sum_{k=-n}^{n} a_k \mathbf{e}_k(x)$$

の係数が条件

$$a_{-k} = \overline{a_k} \qquad (\forall k)$$

をみたすのであれば, $P(x)$ は実数値関数である.

証明. $0 \leq k \leq n$ について

$$P_k(x) = a_k \mathbf{e}_k(x) + a_{-k}\mathbf{e}_{-k}(x)$$

とおく. このとき

$$P(x) = \sum_{k=0}^{n} P_k(x)$$

なので, $P_k(x)$ が実数値関数であればよいが, 係数の条件から

$$\overline{P_k(x)} = \overline{a_k \mathbf{e}_k(x) + a_{-k}\mathbf{e}_{-k}(x)}$$
$$= \overline{a_k}\mathbf{e}_{-k}(x) + \overline{a_{-k}}\mathbf{e}_k(x)$$
$$= a_{-k}\mathbf{e}_{-k}(x) + a_k\mathbf{e}_k(x)$$
$$= P_k(x). \qquad \square$$

証明 (定理 2.4.18 の証明). 補題 2.4.19 より

$$\phi_n(f) = \sum_{k=-n}^{n} \frac{n+1-|k|}{n+1}(f, \mathbf{e}_k)\mathbf{e}_k$$

の係数

$$a_k = \frac{n+1-|k|}{n+1}(f, \mathbf{e}_k)$$

が, 補題 2.4.20 の条件をみたしていることが直ちに分かる. $\qquad \square$

2.5 微分可能性

定義 2.5.1 連続関数を C^0 **級関数**とよぶことにする．また自然数 r について，関数 f が C^r **級関数**であるとは，f が r 回微分可能であり，さらにその r 階導関数 $f^{(r)}$ が連続となることと定める．また周期 1 の C^r 級関数全体の集合を $C^r(U(1))$ で表す．

次の補題は明らかである．

補題 2.5.2 すべての $r \geq 0$ について
$$C^{r+1}(U(1)) \subset C^r(U(1))$$
が成り立つ．

この節では $C^r(U(1))$ を，Fourier 級数を用いて特徴付けることを目標とする．

定義 2.5.3 0 以上の整数 r について，
$$W^r(U(1)) = \{ \sum_{m \in \mathbb{Z}} f(m)\mathbf{e}_m \mid \sum_{m \in \mathbb{Z}} |m^r f(m)| < \infty \}$$
とおく．

補題 2.5.4 (1) 0 以上の勝手な整数 r について
$$W^{r+1}(U(1)) \subset W^r(U(1))$$
となる．

(2) $$W^0(U(1)) \subset L^2(U(1))$$
が成り立つ．

証明. (1) 勝手な整数 m について，$|m^r f(m)| \leq |m^{r+1} f(m)|$ が成り立つことから明らかである．

(2) $f = \sum_{m \in \mathbb{Z}} f(m)\mathbf{e}_m \in W^0(U(1))$ とする．このとき
$$f^{[N]} = \sum_{-N \leq m \leq N} f(m)\mathbf{e}_m$$
と表すと，

$$\|f^{[N]}\|^2 = \sum_{-N \leq m \leq N} |f(m)|^2 \leq \big(\sum_{-N \leq m \leq N} |f(m)| \big)^2 \leq \big(\sum_{m \in \mathbb{Z}} |f(m)| \big)^2$$

から，

$$\|f^{[N]}\| \leq \sum_{m \in \mathbb{Z}} |f(m)| \quad (\forall N)$$

がしたがうので，$\{\|f^{[N]}\|\}_N$ は上に有界であることが分かる．したがって，その極限が存在し，

$$\|f\| = \lim_{N \to \infty} \|f^{[N]}\| \leq \sum_{m \in \mathbb{Z}} |f(m)|. \qquad \square$$

命題 2.5.5 $f = \sum_{m \in \mathbb{Z}} f(m)\mathbf{e}_m \in W^0(U(1))$ に対して，$\tilde{f} \in C^0(U(1))$ で

$$\lim_{N \to \infty} \|\tilde{f} - f^{[N]}\|_\infty = 0$$

をみたすものが存在する．とくに

$$(\tilde{f}, \mathbf{e}_m) = f(m) \quad (\forall m)$$

が成り立つ．さらに $f \in W^0(U(1)) \cap C^0(U(1))$ のときは

$$f = \tilde{f}$$

となる．

証明． $A_N = \sum_{-N \leq m \leq N} |f(m)|$ とおくと，数列 $\{A_N\}_N$ は単調増加列で，仮定から $\sum_{m \in \mathbb{Z}} |f(m)|$ に収束するので，特に Cauchy 列となる．ここで，一様ノルムの三角不等式 (補題 2.4.3(3)) より，$n \geq m$ について

$$A_n - A_m = \sum_{|k|=m+1}^{n} |f(k)| = \sum_{|k|=m+1}^{n} \|f(k)\mathbf{e}_k\|_\infty$$

$$\geq \| \sum_{|k|=m+1}^{n} f(k)\mathbf{e}_k \|_\infty = \|f^{[n]} - f^{[m]}\|_\infty$$

が成り立ち，$\{f^{[n]}\}_n$ は $C^0(U(1))$ における Cauchy 列であることが分かる．したがって，一様ノルムにかんする $C^0(U(1))$ の完備性 (付録：定理 A.2.1) から

$$\lim_{n \to \infty} \|f^{[n]} - \tilde{f}\|_\infty = 0$$

をみたす $\tilde{f} \in C^0(U(1))$ が存在し，その Fourier 係数は

$$(\tilde{f}, \mathbf{e}_m) = (\lim_{N \to \infty} f^{[N]}, \mathbf{e}_m) = \lim_{N \to \infty} (f^{[N]}, \mathbf{e}_m) = f(m)$$

と求められる. また $f \in W^0(U(1)) \cap C^0(U(1))$ のときは, Fourier 係数 $f(m)$ は $(f, \mathbf{e}_m)$ で与えられるので (定理 2.4.16), 補題 2.5.4(2) と Fourier 展開の単射性 (定理 2.4.12(2)) から $f = \tilde{f}$ がしたがう. $\qquad \square$

定理 2.5.6 $r \geq 0$ を整数とし,

$$f = \sum_{m \in \mathbb{Z}} f(m) \mathbf{e}_m \in W^r(U(1))$$

とする. このとき $\tilde{f} \in C^r(U(1))$ で,

$$\lim_{N \to \infty} \|\tilde{f} - f^{[N]}\|_\infty = 0$$

となり, さらに整数 m について

$$(\tilde{f}^{(k)}, \mathbf{e}_m) = (2\pi i m)^k f(m) \qquad (0 \leq \forall k \leq r)$$

が成り立つものが存在する.

証明. $r = 0$ の場合は命題 2.5.5 で示したので, 以下 $r \geq 1$ とする. $s = r - 1$ で主張が正しいとしよう.

$$g = \sum_{m \in \mathbb{Z}} (2\pi i m) f(m) \mathbf{e}_m$$

とおくと, $g \in W^{r-1}(U(1))$ であることは容易に確認されるので, 帰納法の仮定から $C^{r-1}(U(1))$ の元 $\tilde{g}$ で,

$$\lim_{N \to \infty} \|\tilde{g} - g^{[N]}\|_\infty = 0 \tag{2.19}$$

をみたし, かつすべての整数 m に対して

$$(\tilde{g}^{(k)}, \mathbf{e}_m) = (2\pi i m)^k g(m) = (2\pi i m)^{k+1} f(m) \qquad (0 \leq k \leq r - 1) \tag{2.20}$$

が成立するものが存在する. このとき,

$$\tilde{f}(x) = f(0) + \int_0^x \tilde{g}(t) dt$$

とおけば, $\tilde{g} \in C^{r-1}(U(1))$ より $\tilde{f}$ は C^r 級関数である. さらに (2.20) から

$$\int_{U(1)} \tilde{g}(t) dt = (\tilde{g}, \mathbf{e}_0) = 0$$

なので

$$\tilde{f}(x+1) - \tilde{f}(x) = \int_x^{x+1} \tilde{g}(t)dt = \int_{U(1)} \tilde{g}(t)dt = 0$$

となり $\tilde{f}$ は周期 1 の周期関数. 一方 0 と異なる整数 m について,

$$\int_0^x \mathbf{e}_m(t)dt = \int_0^x \exp(2\pi imt)dt = \frac{1}{2\pi im}\mathbf{e}_m(x)$$

となるので,

$$f^{[N]}(x) = \sum_{|m|\le N} f(m)\mathbf{e}_m(x) = f(0) + \int_0^x g^{[N]}(t)dt.$$

したがって, $\forall x \in [0,1]$ について

$$\begin{aligned}
|\tilde{f}(x) - f^{[N]}(x)| &= \Big| \int_0^x (\tilde{g}(t) - g^{[N]}(t))dt \Big| \\
&\le \int_0^x |\tilde{g}(t) - g^{[N]}(t)|dt \\
&\le \|\tilde{g} - g^{[N]}\|_\infty
\end{aligned}$$

となるので

$$\|\tilde{f} - f^{[N]}\|_\infty \le \|\tilde{g} - g^{[N]}\|_\infty$$

が分かり, (2.19) から前半の主張を得る. 後半の主張を示そう. $k \ge 1$ のとき は $\tilde{f}' = \tilde{g}$ に注意すれば, $\tilde{f}$ の定義と (2.20) から,

$$(\tilde{f}^{(k)}, \mathbf{e}_m) = (\tilde{g}^{(k-1)}, \mathbf{e}_m) = (2\pi im)^k f(m)$$

となる. また $k = 0$ のときは, $\lim_{N\to\infty} \|\tilde{f} - f^{[N]}\|_\infty = 0$ より,

$$(\tilde{f}, \mathbf{e}_m) = \lim_{N\to\infty} (f^{[N]}, \mathbf{e}_m) = f(m). \qquad \square$$

2.6 Weierstrauss の多項式近似定理

これ以降の節では, Fourier 級数の応用を紹介する. まず, この節では次の 定理を示す.

定理 2.6.1 $f \in C^0(U(1))$ が与えられたとする. このとき勝手な正の数 ε に対して, 複素数を係数とする多項式 P_ε で

$$\|f - P_\varepsilon\|_\infty < \varepsilon$$

をみたすものが存在する.

補題 2.6.2 $f \in C^0(U(1))$ が偶関数であるとき (すなわち $f(-x) = f(x)$),
$$(f, \mathbf{e}_k) = (f, \mathbf{e}_{-k})$$
が成り立つ.

証明. 簡単な計算からしたがう. 実際, $y = -x$ と変数変換すれば, f が偶関数であるから $f(y) = f(x)$ となることに注意して

$$\begin{aligned}
(f, \mathbf{e}_k) &= \int_{-1/2}^{1/2} f(x)\mathbf{e}_{-k}(x)dx \\
&= -\int_{1/2}^{-1/2} f(y)\mathbf{e}_{-k}(-y)dy \\
&= \int_{-1/2}^{1/2} f(y)\mathbf{e}_k(y)dy = (f, \mathbf{e}_{-k}).
\end{aligned}$$ $\square$

命題 2.6.3 $f \in C^0(U(1))$ を偶関数とする. このとき勝手な正の数 ε に対して

$$\left\| f - \sum_{k=0}^{n} a_k \cos(2\pi k x) \right\|_\infty < \varepsilon$$

をみたすような複素数 $\{a_0, \cdots, a_n\}$ が存在する.

証明. Fejér 級数を書き直せばよい. 実際, 定義から

$$\phi_n(f) = \sum_{k=-n}^{n} \frac{n+1-|k|}{n+1}(f, \mathbf{e}_k)\mathbf{e}_k$$

であるが, 補題 2.6.2 を用いて右辺を書き直すと

$$\begin{aligned}
&\sum_{k=-n}^{n} \frac{n+1-|k|}{n+1}(f, \mathbf{e}_k)\mathbf{e}_k \\
&= (f, \mathbf{e}_0) + \sum_{k=1}^{n} \frac{n+1-k}{n+1}\left((f, \mathbf{e}_k)\mathbf{e}_k + (f, \mathbf{e}_{-k})\mathbf{e}_{-k}\right) \\
&= (f, \mathbf{e}_0) + \sum_{k=1}^{n} \frac{n+1-k}{n+1}(f, \mathbf{e}_k)(\mathbf{e}_k + \mathbf{e}_{-k}) \\
&= (f, \mathbf{e}_0) + \sum_{k=1}^{n} \frac{n+1-k}{n+1}(f, \mathbf{e}_k) \cdot 2\cos(2\pi k x)
\end{aligned}$$

となるので,

$$a_0 = (f, \mathbf{e}_0), \quad a_k = \frac{2(n+1-k)}{n+1}(f, \mathbf{e}_k) \tag{2.21}$$

とおけば, 定理 2.4.12(1) から主張がしたがう. $\square$

82   第 2 章   周期関数の Fourier 変換

定義 2.6.4   漸化式

$$\begin{cases} T_0(x) = 1 \\ T_1(x) = x \\ T_m(x) = 2xT_{m-1}(x) - T_{m-2}(x) \end{cases}$$

により定義される多項式を，**Tchebychev 多項式**とよぶ．

定義から $T_m(x)$ は m 次多項式で，x^m の係数 c_m は

$$c_m = \begin{cases} 1 & (m = 0) \\ 2^{m-1} & (m \geq 1) \end{cases}$$

となることが分かる．また次の補題が示すように，Tchebychev 多項式は三角関数と関係が深い．

補題 2.6.5 $T_m(\cos\theta) = \cos(m\theta).$

証明． 数学的帰納法で証明する．$m = 0, 1$ のときは明らかに成立するので，$m \geq 2$ とする．$m \leq n-1$ で等式が成立するとして，$m = n$ で主張が成り立つことを証明する．

$$\begin{aligned} \cos(n\theta) &= [\cos(n\theta) + \cos((n-2)\theta)] - \cos((n-2)\theta) \\ &= [\cos((n-1)\theta + \theta) + \cos((n-1)\theta - \theta)] - \cos((n-2)\theta) \end{aligned}$$

と変形して，三角関数の加法公式：

$$\cos((n-1)\theta + \theta) + \cos((n-1)\theta - \theta) = 2\cos((n-1)\theta)\cos\theta$$

を用いると，

$$\cos(n\theta) = 2\cos((n-1)\theta)\cos\theta - \cos((n-2)\theta)$$

を得る．この等式は，帰納法の仮定

$$\cos((n-1)\theta) = T_{n-1}(\cos\theta), \quad \cos((n-2)\theta) = T_{n-2}(\cos\theta)$$

から

$$\cos(n\theta) = 2\cos\theta \cdot T_{n-1}(\cos\theta) - T_{n-2}(\cos\theta)$$

と表されるが，これと Tchebychev 多項式の定義を比較すれば主張が得られる．   □

証明 (定理 2.6.1 の証明). $\quad g(x) = f\left(\dfrac{1}{2}\cos 2\pi x\right)$

とおくと，$g(x)$ は周期 1 の連続周期関数となり，さらに偶関数である．したがって命題 2.6.3 から，勝手に与えられた $\varepsilon > 0$ に対して，

$$\left\| g - \sum_{k=0}^{n} a_k \cos(2\pi k x) \right\|_\infty < \varepsilon$$

となるような $\sum\limits_{k=0}^{n} a_k \cos(2\pi k x)$ が存在する．このとき，補題 2.6.5 から

$$\cos(2\pi k x) = T_k(\cos 2\pi x)$$

と表されるので

$$\left\| f\left(\frac{1}{2}\cos 2\pi x\right) - \sum_{k=0}^{n} a_k T_k(\cos 2\pi x) \right\|_\infty < \varepsilon$$

が分かる．$y = \dfrac{1}{2}\cos 2\pi x$ とおけば，y は $-\dfrac{1}{2} \leq y \leq \dfrac{1}{2}$ の範囲を動き，

$$\left\| f(y) - \sum_{k=0}^{n} a_k T_k(2y) \right\|_\infty < \varepsilon$$

となるので

$$P_\varepsilon(y) = \sum_{k=0}^{n} a_k T_k(2y) \tag{2.22}$$

が求める多項式となる． $\qquad\qquad\qquad\qquad\qquad\qquad\qquad\qquad\square$

補足 2.6.6 与えられた周期 1 の連続関数 f に対して (2.21) を用いれば，(2.22) より近似多項式 P_ε の明示式を求めることができる．

2.7 Euler の等式 (ゼータ関数の特殊値)

この節では，Fourier 級数を用いて，

定理 2.7.1 (Euler の等式) $\quad \displaystyle\sum_{n=1}^{\infty} \frac{1}{n^2} = \frac{\pi^2}{6}$

を証明する．連続関数

$$f_0(t) = t^2 \quad (-\pi \leq t \leq \pi)$$

を周期 2π の連続関数として実数全体に拡張したものを f とおく．すなわち，実数 x を

$$x = 2m\pi + t \quad (m \in \mathbb{Z},\ t \in [-\pi, \pi])$$

と表したとき

$$f(x) = t^2$$

と定義する．

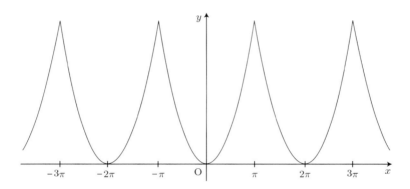

以下，

$$a_n(f) = \frac{1}{2\pi} \int_{-\pi}^{\pi} x^2 \exp(-inx) dx$$

とおく．

補題 2.7.2 (1) $\quad a_0(f) = \dfrac{\pi^2}{3}.$

(2) $n \neq 0$ に対して，

$$a_n(f) = \frac{(-1)^n 2}{n^2}.$$

証明． (1) $n = 0$ とすると，

$$a_0(f) = \frac{1}{2\pi} \int_{-\pi}^{\pi} x^2 dx = \frac{1}{2\pi} \frac{2\pi^3}{3} = \frac{\pi^2}{3}.$$

(2) $n \neq 0$ とする．部分積分から

$$a_n(f) = \frac{1}{2\pi} \int_{-\pi}^{\pi} x^2 \exp(-inx) dx$$

$$= \frac{1}{2\pi}\Big(\Big[-\frac{1}{ni}x^2\exp(-inx)\Big]_{-\pi}^{\pi} + \int_{-\pi}^{\pi}\frac{2}{ni}x\exp(-inx)dx\Big)$$

$$= \frac{1}{n\pi i}\int_{-\pi}^{\pi}x\exp(-inx)dx$$

となる．再び部分積分を用いると，

$$\int_{-\pi}^{\pi}x\exp(-inx)dx = -\frac{1}{ni}[x\exp(-inx)]_{-\pi}^{\pi} + \frac{1}{ni}\int_{-\pi}^{\pi}\exp(-inx)dx$$

$$= (-1)^{n+1}\frac{2\pi}{ni}$$

となり，

$$a_n(f) = \frac{1}{n\pi i}\cdot(-1)^{n+1}\frac{2\pi}{ni} = \frac{(-1)^n 2}{n^2}. \qquad \square$$

$g(x) = f(2\pi x)$ は周期 1 の連続関数となるので，定理 2.4.16 より Fourier 級数展開が可能であり，$g(x) = \sum_{n\in\mathbb{Z}}(g, \mathbf{e}_n)\exp(2\pi inx)$ と表される．このとき，Fourier 係数 $(g, \mathbf{e}_n)$ を計算しよう．変数変換 $y = 2\pi x$ を用いれば，$n \neq 0$ のとき，補題 2.7.2(2) より

$$\begin{aligned}
(g, \mathbf{e}_n) &= \int_{-1/2}^{1/2}g(x)\exp(-2\pi inx)dx\\
&= \frac{1}{2\pi}\int_{-\pi}^{\pi}g\Big(\frac{y}{2\pi}\Big)\exp(-iny)dy\\
&= \frac{1}{2\pi}\int_{-\pi}^{\pi}y^2\exp(-iny)dy\\
&= \frac{(-1)^n 2}{n^2}
\end{aligned}$$

となる．さらに同様の計算で，$(g, \mathbf{e}_0) = \dfrac{\pi^2}{3}$ がわかる．$x \in \Big[-\dfrac{1}{2}, \dfrac{1}{2}\Big]$ とすると，$g(x) = (2\pi x)^2$ なので，

$$\begin{aligned}
(2\pi x)^2 &= g(x)\\
&= \frac{\pi^2}{3} + 2\sum_{n=1}^{\infty}\frac{(-1)^n}{n^2}(\exp(2\pi inx) + \exp(-2\pi inx))\\
&= \frac{\pi^2}{3} + 4\sum_{n=1}^{\infty}\frac{(-1)^n}{n^2}\cos(2\pi nx).
\end{aligned}$$

86   第 2 章　周期関数の Fourier 変換

が分かる．この等式に $x = \dfrac{1}{2}$ を代入すると，$\cos(n\pi) = (-1)^n$ より

$$\pi^2 = \frac{\pi^2}{3} + 4 \sum_{n=1}^{\infty} \frac{1}{n^2}$$

を得る．これを変形して

$$\sum_{n=1}^{\infty} \frac{1}{n^2} = \frac{\pi^2}{6}$$

がしたがう．

　注意 2.7.3　$\mathrm{Re}\, s > 1$ をみたす複素数 s に対して定義される級数

$$\zeta(s) = \sum_{n=1}^{\infty} \frac{1}{n^s}$$

は **Riemann ゼータ関数**とよばれるが，これを用いると Euler の等式は

$$\zeta(2) = \frac{\pi^2}{6}$$

と述べられる．Riemann ゼータ関数は数学において最も重要な関数の一つであり，未だ解明されていないことが多い．

2.8　線型微分方程式

　$g \in C^0(U(1)) \cap W^0(U(1))$ に対して，微分方程式

$$\frac{d^k}{dx^k} f + a_1 \frac{d^{k-1}}{dx^{k-1}} f + \cdots + a_k f = g \quad (a_i \in \mathbb{C}) \tag{2.23}$$

を Fourier 級数を用いて解くことを考えよう．方程式は条件

$$(2\pi i n)^k + \sum_{j=1}^{k} (2\pi i n)^{k-j} a_j \neq 0 \quad (\forall n \in \mathbb{Z}) \tag{2.24}$$

をみたしているとする．命題 2.5.5 から，級数

$$g^{[N]} = \sum_{|n| \leq N} (g, \mathbf{e}_n) \mathbf{e}_n$$

は g に一様収束し

$$g = \sum_{n=-\infty}^{\infty} (g, \mathbf{e}_n) \mathbf{e}_n, \quad (g, \mathbf{e}_n) = \int_{U(1)} g(x) \exp(-2\pi i n x)\, dx$$

と Fourier 展開される．求める f を

$$f = \sum_{n=-\infty}^{\infty} a_n(f)\mathbf{e}_n$$

とおくと，(2.23) は

$$\sum_{n=-\infty}^{\infty} [(2\pi in)^k + \sum_{j=1}^{k} (2\pi in)^{k-j} a_j] a_n(f)\mathbf{e}_n = \sum_{n=-\infty}^{\infty} (g, \mathbf{e}_n)\mathbf{e}_n \qquad (2.25)$$

と表される．したがって $\mathbf{e}_n$ の係数を比較して

$$a_n(f) = \frac{(g, \mathbf{e}_n)}{(2\pi in)^k + \sum_{j=1}^{k} (2\pi in)^{k-j} a_j} \qquad (2.26)$$

を得る．

補題 2.8.1
$$\sum_{n=-\infty}^{\infty} |n^k a_n(f)| < \infty$$
が成り立つ．

証明. 実際，

$$|n^k a_n(f)| = \left| \frac{(g, \mathbf{e}_n)}{(2\pi i)^k + \sum_{j=1}^{k} (2\pi i)^{k-j} a_j n^{-j}} \right|$$

と変形すると，

$$\left| \frac{1}{(2\pi i)^k + \sum_{j=1}^{k} (2\pi i)^{k-j} a_j n^{-j}} \right| \le C \qquad (\forall n \in \mathbb{Z})$$

をみたす正の数 C が存在することが分かるので，仮定 $g \in W^0(U(1))$ から

$$\sum_{n=-\infty}^{\infty} |n^k a_n(f)| \le C \sum_{n=-\infty}^{\infty} |(g, \mathbf{e}_n)| < \infty$$

となり，主張を得る． $\square$

したがって，定理 2.5.6 から f は C^k 級関数となり，次の定理が示された．

定理 2.8.2 微分方程式 (2.23) が条件 (2.24) をみたすとする．このとき方程式の解 f は周期 1 の C^k 級関数となり，

$$f = \sum_{n=-\infty}^{\infty} a_n(f)\mathbf{e}_n$$

88　第 2 章　周期関数の Fourier 変換

と Fourier 展開したとき，その係数は

$$a_n(f) = \frac{(g, \mathbf{e}_n)}{(2\pi in)^k + \sum_{j=1}^{k} (2\pi in)^{k-j} a_j}$$

で与えられる.

例 2.8.3　$g \in C^0(U(1)) \cap W^0(U(1))$ とし，1 次方程式

$$\frac{d^2}{dx^2} f + a_1 \frac{d}{dx} f + a_2 f = g$$

を考える．このとき条件 (2.24) は

$$-4\pi^2 n^2 + 2\pi in a_1 + a_2 \neq 0 \quad (\forall n \in \mathbb{Z})$$

となり，2 次方程式

$$x^2 + a_1 x + a_2 = 0$$

が $\{2\pi in \mid n \in \mathbb{Z}\}$ に解を持たないことと同値である．例えば，次のいずれか
の場合にこの条件がみたされる.

(1) a_1 と a_2 がともに 0 でない実数.

(2) a_2 が負の実数.

2.9　等周問題 (Dido の定理)

問題 2.9.1 (等周問題)　長さ L のひもを，自分自身と交叉しないように地
面におく．ひもで囲まれる図形の面積を最大にするには，どのようにひもを置
いたらよいであろうか.

第 1 章で同様の問題を凸多角形の場合に考察したが，その解答は正多角形で
あった．その結果から予想すると，置いたひもの形が円のとき囲まれた図形の
面積が最大になりそうであるが，実際その予想は正しい．この節では Fourier
級数を用いて，この問題を考察する.

定義 2.9.2　C^∞ 級写像

$$l(t) = (x(t), y(t)) : \mathbb{R} \longrightarrow \mathbb{R}^2$$

で

$$l(t+1) = l(t)$$

をみたすものを**閉曲線**といい，さらに自分自身と交わらない閉曲線を**単純閉曲線**という．

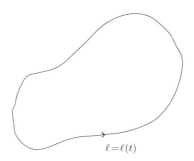

この節では単純閉曲線のみを扱い，次の記号を用いる．

(1) $$\dot{x} = \frac{dx}{dt}, \quad \dot{y} = \frac{dy}{dt}.$$

(2) $$\dot{l} = (\dot{x}, \dot{y}).$$

(3) $$\|\dot{l}(t)\| = \sqrt{\dot{x}^2 + \dot{y}^2} = \sqrt{\left(\frac{dx}{dt}\right)^2 + \left(\frac{dy}{dt}\right)^2}.$$

定義から，曲線 l の長さは

$$L = \int_0^1 \|\dot{l}(t)\| dt \tag{2.27}$$

で与えられる．

定義 2.9.3 長さ L の単純閉曲線 $l = (x(t), y(t))$ が

$$\|\dot{l}(t)\| = L$$

をみたすとき，**弧長によりパラメトライズされている**という．これは

$$\int_0^s \|\dot{l}(t)\| dt = Ls \quad (\forall s \in [0,1])$$

が成り立つことと同値である．

曲線上の点 $l = (x(t), y(t))$ に，速度ベクトル

$$\dot{l}(t) = (\dot{x}, \dot{y}) = \left(\frac{dx}{dt}, \frac{dy}{dt}\right)$$

により矢印「→」を定め，曲線上をこの矢印にしたがって進むとする．このとき l により囲まれる図形 D が，進行方法に対して左側に見えるとき，この曲線は**反時計回りにパラメトライズされている**ということにする．

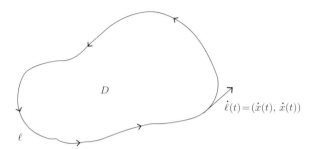

周期 1 の連続関数 f について，その Fourier 係数を $\hat{f}(n)$ で表す．

定義 2.9.4 $\qquad \hat{f}(n) = (f, \mathbf{e}_n) = \int_0^1 f(t) \exp(-2\pi i n t) dt.$

次の定理が，等周問題の解答を与える．

定理 2.9.5 弧長により，反時計回りにパラメトライズされている長さ L の単純閉曲線
$$l(t) = (x(t), y(t)) : \mathbb{R} \longrightarrow \mathbb{R}^2$$
の囲む図形の面積を A とすると，
$$\frac{L^2 - 4\pi A}{2\pi^2} = \sum_{n \neq 0 \in \mathbb{Z}} (|n\hat{x}(n) - i\hat{y}(n)|^2 + |n\hat{y}(n) + i\hat{x}(n)|^2$$
$$+ (n^2 - 1)(|\hat{x}(n)|^2 + |\hat{y}(n)|^2))$$
が成り立つ．とくに
$$L^2 \geq 4\pi A$$
となり，等号が成立するのは l が半径 $L/2\pi$ の円の場合である．

補題 2.9.6 $\qquad \left(\dfrac{L}{2\pi}\right)^2 = \sum_{n \neq 0 \in \mathbb{Z}} n^2(|\hat{x}(n)|^2 + |\hat{y}(n)|^2).$

証明． 曲線は弧長によりパラメトライズされているので，定義から
$$L^2 = \|\dot{l}(t)\|^2 = \dot{x}(t)^2 + \dot{y}(t)^2 \quad (\forall t \in [0, 1])$$

したがって,

$$L^2 = \int_0^1 L^2 dt = \int_0^1 \dot{x}(t)^2 dt + \int_0^1 \dot{y}(t)^2 dt \qquad (2.28)$$

となる. 一方, 定理 2.4.17 から,

$$\int_0^1 \dot{x}(t)^2 dt = \sum_{n=-\infty}^{\infty} |\hat{\dot{x}}(n)|^2$$

を得る. $x(1) = x(0)$ を用いて部分積分を行うと,

$$\begin{aligned}
\hat{\dot{x}}(n) &= \int_0^1 \dot{x}(t) \exp(-2\pi i n t) dt \\
&= -\int_0^1 x(t) \frac{d}{dt}(\exp(-2\pi i n t)) dt \\
&= 2\pi i n \int_0^1 x(t) \exp(-2\pi i n t) dt \\
&= 2\pi i n \hat{x}(n)
\end{aligned}$$

となり,

$$\begin{aligned}
\int_0^1 \dot{x}(t)^2 dt &= 4\pi^2 \sum_{n=-\infty}^{\infty} n^2 |\hat{x}(n)|^2 \\
&= 4\pi^2 \sum_{n \neq 0 \in \mathbb{Z}} n^2 |\hat{x}(n)|^2
\end{aligned}$$

がしたがう. 同様に

$$\int_0^1 \dot{y}(t)^2 dt = 4\pi^2 \sum_{n \neq 0 \in \mathbb{Z}} n^2 |\hat{y}(n)|^2$$

が分かるので, これらの等式を (2.28) に代入すれば求める等式が得られる. $\square$

　領域の面積とそれを取り囲む曲線の長さの関係は, Gauss–Green の公式から導かれる (証明には, 準備が必要なので省略します).

　Gauss-Green の公式は, 微分積分学の教科書（あるいは講義）で標準的に扱われるので, ここでは証明は行わないが, 文献として

　● 三宅敏恒：入門微分積分 (培風館)

の定理 5.3.1 (グリーンの定理) を挙げておく.

92 第 2 章 周期関数の Fourier 変換

事実 2.9.7 (Gauss–Green の公式) 反時計回りにパラメトライズされて
いる単純閉曲線 l に囲まれた領域を D とする. このとき, D 上の C^∞ 級関
数 $P = P(x, y)$ と $Q = Q(x, y)$ について

$$\int_l Pdx + Qdy = \iint_D \left(\frac{\partial Q}{\partial x} - \frac{\partial P}{\partial y} \right) dxdy$$

が成り立つ.

この事実から, 次の補題が得られる.

補題 2.9.8 $\quad \dfrac{A}{\pi} = i \sum_{n \neq 0 \in \mathbb{Z}} n (\overline{\hat{x}(n)} \hat{y}(n) - \hat{x}(n) \overline{\hat{y}(n)})$

が成り立つ.

証明. Gauss–Green の公式を $P = -y$, $Q = 0$ として用いると,

$$A = \iint_D dxdy = -\int_l ydx = -\int_0^1 y\dot{x}(t)dt \tag{2.29}$$

を得る. ここで $\dot{x}(t)$ は実数値関数より,

$$\overline{\dot{x}(t)} = \dot{x}(t)$$

が成り立つので,

$$A = -\int_0^1 y\overline{\dot{x}(t)}dt = -(y, \dot{x})$$

となる. 右辺に定理 2.4.17 を適用すると

$$A = -\sum_{n=-\infty}^{\infty} \hat{y}(n)\overline{\hat{\dot{x}}(n)}$$

となり, さらに補題 2.9.6 の証明で示した等式

$$\hat{\dot{x}}(n) = 2\pi in\hat{x}(n)$$

を代入すると,

$$\frac{A}{2\pi} = i \sum_{n=-\infty}^{\infty} n\overline{\hat{x}(n)}\hat{y}(n) = i \sum_{n \neq 0 \in \mathbb{Z}} n\overline{\hat{x}(n)}\hat{y}(n)$$

を得る. さらにこの複素共役をとると

$$\frac{A}{2\pi} = -i \sum_{n \neq 0 \in \mathbb{Z}} n\hat{x}(n)\overline{\hat{y}(n)}$$

となり, これらの等式を足し合わせれば主張がしたがう. $\qquad\square$

2.9 等周問題 (Dido の定理) 93

補題 2.9.9 0 と異なる整数 n について,

$$2n^2(|\hat{x}(n)|^2 + |\hat{y}(n)|^2) + 2ni(\hat{x}(n)\overline{\hat{y}(n)} - \hat{y}(n)\overline{\hat{x}(n)})$$
$$= |n\hat{x}(n) - i\hat{y}(n)|^2 + |n\hat{y}(n) + i\hat{x}(n)|^2 + (n^2 - 1)(|\hat{x}(n)|^2 + |\hat{y}(n)|^2)$$

が成り立つ.

証明.
$$|n\hat{y}(n) + i\hat{x}(n)|^2$$
$$= (n\hat{y}(n) + i\hat{x}(n))\overline{(n\hat{y}(n) + i\hat{x}(n))}$$
$$= n^2|\hat{y}(n)|^2 + |\hat{x}(n)|^2 + ni(\hat{x}(n)\overline{\hat{y}(n)} - \hat{y}(n)\overline{\hat{x}(n)})$$

および

$$|n\hat{x}(n) - i\hat{y}(n)|^2$$
$$= (n\hat{x}(n) - i\hat{y}(n))\overline{(n\hat{x}(n) - i\hat{y}(n))}$$
$$= n^2|\hat{x}(n)|^2 + |\hat{y}(n)|^2 + ni(\hat{x}(n)\overline{\hat{y}(n)} - \hat{y}(n)\overline{\hat{x}(n)})$$

を足し合わせると

$$|n\hat{y}(n) + i\hat{x}(n)|^2 + |n\hat{x}(n) - i\hat{y}(n)|^2$$
$$= (n^2 + 1)(|\hat{x}(n)|^2 + |\hat{y}(n)|^2) + 2ni(\hat{x}(n)\overline{\hat{y}(n)} - \hat{y}(n)\overline{\hat{x}(n)})$$

となる. 求める等式はこれからしたがう. $\square$

証明 (定理 2.9.5 の証明). 補題 2.9.6, 補題 2.9.8, 補題 2.9.9 を用いると,

$$\frac{L^2 - 4\pi A}{2\pi^2}$$
$$= 2\left(\left(\frac{L}{2\pi}\right)^2 - \frac{A}{\pi}\right)$$
$$= 2\left(\sum_{n \neq 0 \in \mathbb{Z}} n^2(|\hat{x}(n)|^2 + |\hat{y}(n)|^2) - \sum_{n \neq 0 \in \mathbb{Z}} in(\overline{\hat{x}(n)}\hat{y}(n) - \hat{x}(n)\overline{\hat{y}(n)})\right)$$
$$= \sum_{n \neq 0 \in \mathbb{Z}} |n\hat{x}(n) - i\hat{y}(n)|^2 + |n\hat{y}(n) + i\hat{x}(n)|^2$$
$$\quad + (n^2 - 1)(|\hat{x}(n)|^2 + |\hat{y}(n)|^2)$$
$$\geq 0$$

となるので, 前半の不等式が得られる. 等式

$$L^2 = 4\pi A \tag{2.30}$$

94 第 2 章 周期関数の Fourier 変換

が成り立つとする．得られた不等式から

$$\hat{x}(n) = \hat{y}(n) = 0 \quad (\forall n \neq -1, 0, 1) \tag{2.31}$$

と

$$n\hat{x}(n) - i\hat{y}(n) = n\hat{y}(n) + i\hat{x}(n) \quad (\forall n \neq 0) \tag{2.32}$$

が成立することが分かる．これらの結果を Fourier 展開

$$x(t) = \sum_{n \in \mathbb{Z}} \hat{x}(n) \exp(2\pi i n t), \quad y(t) = \sum_{n \in \mathbb{Z}} \hat{y}(n) \exp(2\pi i n t)$$

に代入する．まず，(2.31) から，

$$x(t) = \hat{x}(-1) \exp(-2\pi i t) + \hat{x}(1) \exp(2\pi i t) + \hat{x}(0) \tag{2.33}$$

および

$$y(t) = \hat{y}(-1) \exp(-2\pi i t) + \hat{y}(1) \exp(2\pi i t) + \hat{y}(0) \tag{2.34}$$

を得る．ここで $x = x(t)$ は実数値関数なので，

$$a := \hat{x}(0) = \int_0^1 x(t)dt \quad (\in \mathbb{R})$$

であり，また

$$\hat{x}(-1) = \int_0^1 x(t) \exp(2\pi i t)dt = \overline{\int_0^1 x(t) \exp(-2\pi i t)dt}$$
$$= \overline{\hat{x}(1)}$$

が分かる．したがって

$$\hat{x}(1) = R\exp(i\theta), \quad R = |\hat{x}(1)|$$

とおけば

$$x(t) = \hat{x}(-1) \exp(-2\pi i t) + \hat{x}(1) \exp(2\pi i t) + \hat{x}(0)$$
$$= \overline{\hat{x}(1) \exp(2\pi i t)} + \hat{x}(1) \exp(2\pi i t) + \hat{x}(0)$$
$$= 2\mathrm{Re}[R\exp(i(\theta + 2\pi t)] + a$$
$$= 2R\cos(\theta + 2\pi t) + a$$

を得る．

$$b = \hat{y}(0), \quad \hat{y}(1) = S\exp(i\xi), \quad S = |\hat{y}(1)|$$

とおいて，(2.34) を用いれば同様の計算により

$$y(t) = 2S\cos(\xi + 2\pi t) + b \quad (b \in \mathbb{R}) \tag{2.35}$$

を得る. ここで R と S, θ と ξ の関係を調べよう. $n = 1$ として (2.32) を用いると,

$$\hat{x}(1) = i\hat{y}(1) \tag{2.36}$$

を得る. したがって

$$R = |\hat{x}(1)| = |i\hat{y}(1)| = S$$

となり, (2.36) から

$$R\exp(i\theta) = \hat{x}(1) = i\hat{y}(1) = R\exp\left(i\left(\xi + \frac{\pi}{2}\right)\right)$$

となるので

$$\theta = \xi + \frac{\pi}{2} + 2m\pi \quad (m \in \mathbb{Z})$$

が分かる. これらを (2.35) に代入すれば

$$y(t) = 2R\cos\left(\theta - \frac{\pi}{2} + 2\pi t\right) + b$$
$$= 2R\sin(\theta + 2\pi t) + b$$

となるので, 結局

$$(x(t), y(t)) = (2R\cos(\theta + 2\pi t) + a, 2R\sin(\theta + 2\pi t) + b)$$

がしたがう. このように囲まれた領域の面積を最大にする曲線は半径 $2R$ の円となるが, 曲線の長さが L なので

$$L = 2\pi(2R) = 4\pi R$$

より, $R = L/4\pi$ となる. $\qquad\qquad\square$

第 3 章
急減少関数の Fourier 変換

3.1 導入

第 2 章では周期関数の Fourier 変換を扱ったが，ここでは急減少関数の Fourier 変換を解説する．すでに述べたように，Fourier 変換は理論・応用を問わず様々な分野で用いられるが，扱う関数が周期関数でない場合も多い．例えば，この章で扱う CT (computer tomograhy) を考えよう．よく知られているように CT は被験者に大きなダメージを与えることなく診断するシステムである．このとき機械は検査対象の X 線透過率を検知し計算するが，X 線透過率が (短い周期を持つ) 周期関数となることは期待できない．しかし試料は機械の中に収められているため，機械の外の X 線透過率は無視され，0 と検知される．一般に，遠方に行くにしたがって値が急激に 0 に近づく関数を**急減少関数** (定義 3.2.1) という．CT 等への応用を考えると，Fourier 変換の理論を急減少関数まで拡張しておくのが良い．しかしどのような拡張が期待されるのであろうか．それを第 2 章の理論に基づいて検討しよう．

r を正の数とし，f を周期 r の連続関数とする：すなわち

$$f(x + r) = f(x)$$

をみたすとする．このとき $f_r(y) := f(ry)$ とおくと，これは周期 1 の連続関数なので (2.16) から

$$\tau(f_r) = \sum_{k \in \mathbb{Z}} (f_r, \mathbf{e}_k)\mathbf{e}_k$$

と Fourier 展開される．いま，r を大きくしたとき (すなわち周期を長くする)Fourier 係数

$$(f_r, \mathbf{e}_k) = \int_{-1/2}^{1/2} f_r(x) \exp(-2\pi ikx)dx$$

がどのように振る舞うかを考察しよう. $y = rx$ と変数変換すると,

$$\int_{-1/2}^{1/2} f_r(x) \exp(-2\pi ikx)dx = \int_{-1/2}^{1/2} f(rx) \exp(-2\pi ikx)dx$$
$$= \frac{1}{r} \int_{-r/2}^{r/2} f(y) \exp\left(-2\pi i \frac{k}{r} y\right)dy$$

となり, $\xi = k/r$ とおけば,

$$(f_r, \mathbf{e}_k) = \frac{1}{r} \int_{-r/2}^{r/2} f(y) \exp(-2\pi i\xi y)dy$$

を得る. 変数変換から生じる $1/r$ を無視し $r \to \infty$ とすれば, 積分 $\int_{-\infty}^{\infty} f(y) \exp(-2\pi i\xi y)dy$ が Fourier 展開の係数となり, k についての和 $\displaystyle\sum_{k \in \mathbb{Z}}$ を $\xi = k/r$ についての積分 $\int_{-\infty}^{\infty} d\xi$ に置き換えて

$$f(x) = \int_{-\infty}^{\infty} d\xi \exp(2\pi i\xi x)\left(\int_{-\infty}^{\infty} f(y) \exp(-2\pi i\xi y)dy\right)$$

が成立するのではないかと期待されるが, 適当な補正をすればこの期待は正しい. この章では, この予想を正当化する (反転公式:定理 3.5.4 参照).

3.2 急減少関数

第 2 章の Fourier 級数の理論では, 指数関数の作る空間 $T(U(1))$ や群環 $\mathbb{C}[\mathbb{Z}]$ が重要な役割を果たした. $\mathbb{R}$ 上の関数の Fourier 変換の理論において, 次に定義する**急減少関数**の作る空間が $T(U(1))$ あるいは $\mathbb{C}[\mathbb{Z}]$ に相当する.

定義 3.2.1 (急減少関数) $f = f(x)$ を $\mathbb{R}$ 上で定義された複素数値 C^∞ 級関数とする. 勝手な 0 以上の整数 m, n について,

$$\sup_{x \in \mathbb{R}} |x^m f^{(n)}(x)| < \infty$$

が成り立つとき, f を**急減少関数**とよぶ. ここで $f^{(n)}$ は f の n 階導関数を表す. また急減少関数全体から成る集合を $\mathcal{S}(\mathbb{R})$ と表す.

例 3.2.2 $a > 0$ に対して

$$\psi_a(x) = \sqrt{\frac{2}{a}} e^{-\frac{x^2}{a}}$$

98 第 3 章 急減少関数の Fourier 変換

とおくと，これは急減少関数である．この事実は，勝手な多項式 $P(x)$ について

$$\lim_{|x| \to \infty} |P(x)\psi_a(x)| = 0$$

が成り立つことからしたがう．

補題 3.2.3 (1) $\mathcal{S}(\mathbb{R})$ は $\mathbb{C}$ 上の線型空間である．

(2) f を急減少関数とすると，勝手な 0 以上の整数 m, n について $x^m f$ や $f^{(n)}$ も急減少関数である．

(3) $\qquad\qquad f, g \in \mathcal{S}(\mathbb{R}) \Longrightarrow fg \in \mathcal{S}(\mathbb{R}).$

証明. (1) と (2) は定義から直ちにしたがうので，(3) のみを示す．0 以上の勝手な整数 m, n について

$$\sup_{x \in \mathbb{R}} |x^m (fg)^{(n)}(x)| < \infty$$

が成り立つことを確認すればよい．Leibniz の公式 (付録：定理 A.3.1 参照) から

$$(fg)^{(n)}(x) = \sum_{k=0}^{n} \binom{n}{k} f^{(k)}(x) g^{(n-k)}(x)$$

が成り立つので，急減少関数の定義から

$$\sup_{x \in \mathbb{R}} |x^m (fg)^{(n)}(x)| \le \sum_{k=0}^{n} \binom{n}{k} \sup_{x \in \mathbb{R}} |x^m f^{(k)}(x) g^{(n-k)}(x)| < \infty$$

が分かる． $\qquad\qquad\qquad\qquad\qquad\qquad\qquad\qquad\qquad\qquad\qquad\square$

補題 3.2.4 $f \in \mathcal{S}(\mathbb{R})$ とする．このとき 0 以上の勝手な整数 m, n について，積分 $\displaystyle\int_{-\infty}^{\infty} |x^m f^{(n)}(x)| dx$ は収束する．

証明. f を急減少関数とすると，補題 3.2.3(2) から，0 以上の勝手な整数 m, n について $x^m f^{(n)}$ も急減少関数となるので，

$$f \in \mathcal{S}(\mathbb{R}) \Longrightarrow \int_{-\infty}^{\infty} |f(x)| dx < \infty$$

を示せばよい．急減少関数の定義から

$$\sup_{x \in \mathbb{R}} (1 + x^2)^2 |f(x)| \leq A$$

をみたす正の数 A が存在する．したがって

$$|f(x)| \leq \frac{A}{(1 + x^2)^2} \quad (\forall x \in \mathbb{R})$$

が成り立つので

$$\int_{-\infty}^{\infty} |f(x)| dx \leq A \int_{-\infty}^{\infty} \frac{1}{(1 + x^2)^2} dx < \infty$$

となる． $\qquad\qquad\square$

定義 3.2.5 急減少関数 f と g のたたみ込みを

$$(f * g)(x) = \int_{-\infty}^{\infty} f(x - y)g(y) dy$$

で定義する．

まず積分が収束することを確認しよう．そのために記号を準備する．

定義 3.2.6 $\mathbb{R}$ 上で定義された複素数値 C^∞ 級関数 $f = f(x)$ の一様ノルムを

$$\|f\|_\infty = \sup_{x \in \mathbb{R}} |f(x)|$$

と定める（$\|f\|_\infty = \infty$ も許可する）．

注意 3.2.7 f が周期関数の場合，定義 3.2.6 と定義 2.4.1 は一致するので，同じ記号を用いた．

定義 3.2.5 の積分が収束することは，補題 3.2.4 を用いて次のように確認される：

$$\left| \int_{-\infty}^{\infty} f(x - y)g(y) dy \right| \leq \int_{-\infty}^{\infty} |f(x - y)g(y)| dy$$

$$\leq \|f\|_\infty \int_{-\infty}^{\infty} |g(y)| dy < \infty.$$

命題 3.2.8 急減少関数 f と g のたたみ込み $f * g$ は急減少関数となる．

証明. 0 以上の勝手な整数 m と n について

100　第 3 章　急減少関数の Fourier 変換

$$\sup_{x \in \mathbb{R}} |x^m (f * g)^{(n)}(x)| < \infty$$

を確認すればよい.

(1)　$m = 0$ のとき.

$$|(f * g)^{(n)}(x)| = \Big| \int_{-\infty}^{\infty} f^{(n)}(x - y)g(y)dy \Big|$$

$$\leq \int_{-\infty}^{\infty} |f^{(n)}(x - y)g(y)|dy$$

$$\leq \|f^{(n)}\|_{\infty} \int_{-\infty}^{\infty} |g(y)|dy$$

となり, 右辺は x によらないので

$$\|(f * g)^{(n)}\|_{\infty} \leq \|f^{(n)}\|_{\infty} \int_{-\infty}^{\infty} |g(y)|dy < \infty.$$

(2)　$m \geq 1$ のとき. 帰納法により示そう. $m \leq k - 1$ まで主張が正しいとして, $m = k$ の場合を証明する. そのために積分

$$\int_{-\infty}^{\infty} (x - y)^k f^{(n)}(x - y)g(y)dy$$

を導入する. この積分は変数変換 $x - y = t$ により,

$$\int_{-\infty}^{\infty} (x - y)^k f^{(n)}(x - y)g(y)dy = \int_{-\infty}^{\infty} t^k f^{(n)}(t)g(x - t)dt \quad (3.1)$$

となり, これは急減少関数 $g(x)$ と $x^k f^{(n)}(x)$ のたたみ込みなので収束する. (3.1) の左辺は

$$\int_{-\infty}^{\infty} (x - y)^k f^{(n)}(x - y)g(y)dy$$

$$= \sum_{j=0}^{k} (-1)^{k-j} \binom{k}{j} x^j \int_{-\infty}^{\infty} y^{k-j} f^{(n)}(x - y)g(y)dy$$

$$= x^k \int_{-\infty}^{\infty} f^{(n)}(x - y)g(y)dy$$

$$+ \sum_{j=0}^{k-1} (-1)^{k-j} \binom{k}{j} x^j \int_{-\infty}^{\infty} f^{(n)}(x - y)y^{k-j}g(y)dy$$

となるが,

$$(f * g)^{(n)}(x) = \frac{d^n}{dx^n} \int_{-\infty}^{\infty} f(x - y)g(y)dy = \int_{-\infty}^{\infty} f^{(n)}(x - y)g(y)dy \quad (3.2)$$

より

$$\int_{-\infty}^{\infty} (x-y)^k f^{(n)}(x-y)g(y)dy$$

$$= x^k (f*g)^{(n)}(x)$$

$$+ \sum_{j=0}^{k-1} (-1)^{k-j} \binom{k}{j} x^j \int_{-\infty}^{\infty} f^{(n)}(x-y)y^{k-j}g(y)dy$$

が得られる. したがって (3.1) を用いると,

$$x^k (f*g)^{(n)}(x) = \int_{-\infty}^{\infty} t^k f^{(n)}(t)g(x-t)dt$$

$$- \sum_{j=0}^{k-1} (-1)^{k-j} \binom{k}{j} x^j \int_{-\infty}^{\infty} f^{(n)}(x-y)y^{k-j}g(y)dy$$

を得る. 右辺の各項の絶対値が x によらずに上から評価されることを見ていく. 第 1 項の絶対値は

$$\Big| \int_{-\infty}^{\infty} t^k f^{(n)}(t)g(x-t)dt \Big| \le \int_{-\infty}^{\infty} |t^k f^{(n)}(t)g(x-t)|dt$$

$$\le \|t^k f^{(n)}\|_\infty \int_{-\infty}^{\infty} |g(y)|dy < \infty$$

となり, x によらない定数で上から評価される (最後の積分で, 変数変換 $y = x - t$ を用いた). 第 2 項の絶対値を評価するために記号を準備する. 0 以上の整数 l について

$$g_l(y) = y^l g(y)$$

とおくと, これは補題 3.2.3(2) より急減少関数である. この記号と (3.2) を用いると,

$$x^j \int_{-\infty}^{\infty} f^{(n)}(x-y)y^{k-j}g(y)dy = x^j (f*g_{k-j})^{(n)}(x)$$

となるが, 帰納法の仮定から $0 \le j \le k-1$ について

$$\sup_{x \in \mathbb{R}} |x^j (f*g_{k-j})^{(n)}(x)| < \infty.$$

以上から, 右辺の各項の絶対値は, x によらない定数で上から評価されることが分かり,

$$\sup_{x \in \mathbb{R}} |x^k (f * g)^{(n)}(x)| < \infty$$

が示された. □

たたみ込みは群環 $\mathbb{C}[\mathbb{Z}]$ における積に対応するので,$\mathbb{C}[\mathbb{Z}]$ で成り立つ等式が期待される.

定理 3.2.9 f, g, h を急減少関数とすると,次の等式が成り立つ.

(1) α と β を複素数とすると,

$$(\alpha f + \beta g) * h = \alpha(f * h) + \beta(g * h), \quad h * (\alpha f + \beta g) = \alpha(h * f) + \beta(h * g).$$

(2) $$f * g = g * f.$$

(3) $$(f * g) * h = f * (g * h).$$

証明. (1) たたみ込みの定義から直ちにしたがう.実際,

$$(\alpha f + \beta g) * h(x)$$
$$= \int_{-\infty}^{\infty} (\alpha f + \beta g)(x - y) h(y) dy$$
$$= \alpha \int_{-\infty}^{\infty} f(x - y) h(y) dy + \beta \int_{-\infty}^{\infty} g(x - y) h(y) dy$$
$$= \alpha(f * h)(x) + \beta(g * h)(x).$$

残りも同様.

(2) 変数変換 $z = x - y$ により,

$$(f * g)(x) = \int_{-\infty}^{\infty} f(x - y) g(y) dy$$
$$= - \int_{\infty}^{-\infty} f(z) g(x - z) dz$$
$$= \int_{-\infty}^{\infty} g(x - z) f(z) dz$$
$$= (g * f)(x).$$

(3) 単純な計算からしたがう.実際,定義から

$$[(f * g) * h](x) = \int_{-\infty}^{\infty} (f * g)(x - z) h(z) dz$$

$$= \int_{-\infty}^{\infty} \left[\int_{-\infty}^{\infty} f(x-z-y)g(y)dy \right] h(z)dz$$
$$= \int_{-\infty}^{\infty} \int_{-\infty}^{\infty} f(x-y-z)g(y)h(z)dydz.$$

一方,

$$[f*(g*h)](x) = \int_{-\infty}^{\infty} f(x-y)(g*h)(y)dy$$
$$= \int_{-\infty}^{\infty} f(x-y) \left[\int_{-\infty}^{\infty} g(y-z)h(z)dz \right] dy$$
$$= \int_{-\infty}^{\infty} \int_{-\infty}^{\infty} f(x-y)g(y-z)h(z)dydz$$

となるが, 後者の等式において $y = y + z$ と変数変換すれば, 前者の等式と一致する. □

このように $\mathcal{S}(\mathbb{R})$ には, 関数としての積 (補題 3.2.3(3)) あるいはたたみ込みにより積が定義され (命題 3.2.8), 結合法則, 交換法則, 分配法則が成り立つが, いずれの場合も積にかんする単位元が存在しない (したがって可換代数とはならない). 関数としての積の単位元は定数値関数 $\mathbf{1}$ であるべきだが, これは急減少関数ではない. また, 次章で説明するように, たたみ込みによる積の単位元は原点に台をもつ Dirac 超関数 δ_0 であり (補題 4.5.4), 超関数の Fourier 変換により定数値関数と Dirac 超関数 δ_0 が対応することが分かる (補題 4.4.6). しかし補題 3.3.3 で説明するように, 定数値関数 $\mathbf{1}$ あるいは δ_0 を近似する急減少関数が存在する. この意味で, $\mathcal{S}(\mathbb{R})$ は「ほぼ可換代数」となる.

3.3　1 変数 Fourier 変換と Fourier 逆変換

定義 3.3.1 $f \in \mathcal{S}(\mathbb{R})$ とする.

(1) f の Fourier 変換を
$$\mathcal{F}f(\xi) = \frac{1}{\sqrt{2\pi}} \int_{-\infty}^{\infty} f(x)\exp(-ix\xi)dx$$
と定義する.

(2) f の Fourier 逆変換を
$$\mathcal{F}^{-1}f(x) = \frac{1}{\sqrt{2\pi}} \int_{-\infty}^{\infty} f(\xi)\exp(ix\xi)d\xi$$

104   第 3 章 急減少関数の Fourier 変換

と定義する.

f は急減少関数なので,定義における積分はいずれも収束する.実際,次の事実が成り立つ.

補題 3.3.2 f を急減少関数とすると,

$$\sup_{\xi \in \mathbb{R}} |\mathcal{F}f(\xi)| < \infty, \quad \sup_{x \in \mathbb{R}} |\mathcal{F}^{-1}f(x)| < \infty$$

が成り立つ.

証明. いずれも同じ方法で証明されるので,最初の不等式のみを示す.定義から

$$|\mathcal{F}f(\xi)| = \frac{1}{\sqrt{2\pi}} \left| \int_{-\infty}^{\infty} f(x) \exp(-ix\xi) dx \right|$$
$$\leq \frac{1}{\sqrt{2\pi}} \int_{-\infty}^{\infty} |f(x)| dx$$

となるが,f は急減少関数なので最後の積分は収束し,ξ によらない.   □

例 3.2.2 で見たように,$a > 0$ に対して

$$\psi_a(x) = \sqrt{\frac{2}{a}} e^{-\frac{x^2}{a}}$$

は急減少関数であるが,その Fourier 変換を考察しよう.

補題 3.3.3 $a > 0$ とする.

(1) ψ_a の Fourier 変換を $\Psi_a(\xi)$ で表すと,

$$\Psi_a(\xi) = e^{-\frac{a\xi^2}{4}}$$

となる.

(2) $$\mathcal{F}^{-1}\Psi_a = \psi_a.$$

証明. (1) Fourier 変換の定義から,

$$\Psi_a(\xi) = \frac{1}{\sqrt{2\pi}} \int_{-\infty}^{\infty} \psi_a(x) \exp(-ix\xi) dx$$
$$= \frac{1}{\sqrt{a\pi}} \int_{-\infty}^{\infty} e^{-\frac{x^2}{a}} \exp(-ix\xi) dx.$$

Ψ_a を ξ について微分しよう.ψ_a は急減少関数なので,微分と積分の順序が

交換できる．したがって，

$$\frac{a}{2}\frac{d}{dx}e^{-\frac{x^2}{a}} = -xe^{-\frac{x^2}{a}}$$

を用いて

$$\begin{aligned}
\frac{d\Psi_a}{d\xi} &= \frac{1}{\sqrt{a\pi}}\int_{-\infty}^{\infty}e^{-\frac{x^2}{a}}(-ix)\exp(-ix\xi)dx\\
&= \frac{i}{\sqrt{a\pi}}\int_{-\infty}^{\infty}(-xe^{-\frac{x^2}{a}})\exp(-ix\xi)dx\\
&= \frac{i\sqrt{a}}{2\sqrt{\pi}}\int_{-\infty}^{\infty}\Big(\frac{d}{dx}e^{-\frac{x^2}{a}}\Big)\exp(-ix\xi)dx
\end{aligned}$$

を得る．部分積分を行うと

$$\int_{-\infty}^{\infty}\Big(\frac{d}{dx}e^{-\frac{x^2}{a}}\Big)\exp(-ix\xi)dx = i\xi\int_{-\infty}^{\infty}e^{-\frac{x^2}{a}}\exp(-ix\xi)dx$$

となるので，微分方程式

$$\frac{d\Psi_a}{d\xi} = -\frac{a\xi}{2}\Psi_a(\xi)$$

が得られる．この解は定数 C を用いて

$$\Psi_a(\xi) = Ce^{-\frac{a\xi^2}{4}}$$

と表されるが，$\xi = 0$ を代入して

$$C = \Psi_a(0) = \frac{1}{\sqrt{a\pi}}\int_{-\infty}^{\infty}e^{-\frac{x^2}{a}}dx.$$

ここで $y = x/\sqrt{a}$ と変数変換し，

$$\int_{-\infty}^{\infty}e^{-y^2}dy = \sqrt{\pi}$$

を用いれば

$$C = \frac{1}{\sqrt{a\pi}}\int_{-\infty}^{\infty}e^{-\frac{x^2}{a}}dx = \frac{1}{\sqrt{\pi}}\int_{-\infty}^{\infty}e^{-y^2}dy = 1$$

となり主張を得る．

(2) (1) と同様． □

とくに

$$\mathcal{F}^{-1}\mathcal{F}(\psi_a) = \psi_a \tag{3.3}$$

となるが，これは Fourier 反転公式の特別な場合である．さらに $a \to 0$ とす

106 第 3 章 急減少関数の Fourier 変換

ると，

$$
\lim_{a \to 0} \psi_a(x) = \left\{ \begin{array}{ll} \infty & (x = 0) \\ 0 & (x \neq 0) \end{array} \right.
$$

であり，

$$
\lim_{a \to 0} \Psi_a(\xi) = 1 \quad (\forall \xi \in \mathbb{R})
$$

となるので，ψ_a あるいは Ψ_a は，それぞれ次章で解説する Dirac 超関数 δ_0 あるいは定数関数 **1** を近似する急減少関数と見なせる．したがって Fourier 変換により Dirac 超関数 δ_0 と定数関数が対応することが期待されるが，この問題は超関数を導入した後，第 4 章で扱われる (補題 4.4.6 参照)．この節の残りでは，急減少関数の Fourier 変換と Fourier 逆変換の基本的な性質を解説する．

補題 3.3.4 Fourier 変換や Fourier 逆変換はいずれも線型写像である．すなわち，$f, g \in \mathcal{S}(\mathbb{R})$ と $\alpha, \beta \in \mathbb{C}$ について

(1) $$\mathcal{F}(\alpha f + \beta g) = \alpha \mathcal{F}(f) + \beta \mathcal{F}(g),$$

(2) $$\mathcal{F}^{-1}(\alpha f + \beta g) = \alpha \mathcal{F}^{-1}(f) + \beta \mathcal{F}^{-1}(g)$$

が成り立つ．

これらの等式は容易に確認されるので，証明は省略する．表示を簡単にするため，記号

$$
D_x = i \frac{d}{dx}, \quad D_\xi = i \frac{d}{d\xi}
$$

を導入する．

補題 3.3.5 急減少関数 f について，次の等式が成り立つ．

(1) $$D_\xi^m(\mathcal{F}f) = \mathcal{F}(x^m f), \quad D_x^m(\mathcal{F}^{-1}f) = \mathcal{F}^{-1}((-x)^m f)$$

(2) $$(-\xi)^m(\mathcal{F}f) = \mathcal{F}(D_x^m f), \quad x^m(\mathcal{F}^{-1}f) = \mathcal{F}^{-1}(D_\xi^m f)$$

証明. (1) Fourier 変換の定義から

$$
D_\xi^m(\mathcal{F}f) = \frac{1}{\sqrt{2\pi}} D_\xi^m \int_{-\infty}^{\infty} f(x) \exp(-ix\xi) dx
$$

となるが，f は急減少関数なので微分と積分の順序が交換し，

$$D_\xi^m(\mathcal{F}f) = \frac{1}{\sqrt{2\pi}} \int_{-\infty}^{\infty} f(x) D_\xi^m \exp(-ix\xi) dx$$
$$= \frac{1}{\sqrt{2\pi}} \int_{-\infty}^{\infty} f(x) x^m \exp(-ix\xi) dx$$
$$= \mathcal{F}(x^m f)$$

となり，主張が示される．残りの場合も同様である．

(2) 証明の方法は同じなので，最初の式のみを m についての帰納法で証明する．

(a) $m = 1$ のとき.

$$D_x(f(x)\exp(-ix\xi)) = D_x f \exp(-ix\xi) + f(x)\xi \exp(-ix\xi)$$

および f が急減少関数であることに注意して，部分積分を用いると

$$\mathcal{F}(D_x f) = \frac{1}{\sqrt{2\pi}} \int_{-\infty}^{\infty} D_x f(x) \exp(-ix\xi) dx$$
$$= (-\xi)\frac{1}{\sqrt{2\pi}} \int_{-\infty}^{\infty} f(x) \exp(-ix\xi) dx$$
$$= (-\xi)\mathcal{F}f$$

となり，求める等式が得られる．

(b) $m = n - 1$ のときが正しいとして，$m = n$ の場合を示そう．$g = D_x^{n-1} f$ とおくと，これは急減少関数であるので，(a) から

$$\mathcal{F}(D_x g) = (-\xi)\mathcal{F}g \tag{3.4}$$

となる．ここで帰納法の仮定を用いると，

$$\mathcal{F}g = \mathcal{F}(D_x^{n-1}f) = (-\xi)^{n-1}\mathcal{F}f$$

となるが，これと (3.4) を合わせると

$$\mathcal{F}(D_x^n f) = \mathcal{F}(D_x g) = (-\xi)\mathcal{F}g = (-\xi)^n \mathcal{F}f$$

となり主張が示された． $\square$

命題 3.3.6 $f \in \mathcal{S}(\mathbb{R})$ について

$$\mathcal{F}f, \quad \mathcal{F}^{-1}f \in \mathcal{S}(\mathbb{R})$$

となる．

108　第 3 章　急減少関数の Fourier 変換

証明. 0 以上の勝手な整数 k と l について

$$\sup_{\xi \in \mathbb{R}} |\xi^k D_\xi^l (\mathcal{F}f)| < \infty, \quad \sup_{x \in \mathbb{R}} |x^k D_x^l (\mathcal{F}^{-1}f)| < \infty$$

が成り立つことが分かればよいが，補題 3.2.3 から 0 以上の整数 m と n について $x^m D_x^n f$ は急減少関数であるので，補題 3.3.2 と補題 3.3.5 から最初の不等式が得られる．2 番目の評価式も同様に示される．　　　　　　　　　□

以上から，Fourier 変換と Fourier 逆変換は，それぞれ $\mathcal{S}(\mathbb{R})$ からそれ自身への線型写像であることが分かる．命題 3.2.8 で示したように，急減少関数 f, g のたたみ込み $f * g$ は再び急減少関数であった．

命題 3.3.7 $f, g \in \mathcal{S}(\mathbb{R})$ について次の等式が成り立つ．

(1) $$\frac{1}{\sqrt{2\pi}} \mathcal{F}(f * g) = \mathcal{F}(f)\mathcal{F}(g).$$

(2) $$\frac{1}{\sqrt{2\pi}} \mathcal{F}^{-1}(f * g) = \mathcal{F}^{-1}(f)\mathcal{F}^{-1}(g).$$

証明. (1) Fourier 変換の定義から

$$\begin{aligned}
\mathcal{F}(f * g)(\xi) &= \frac{1}{\sqrt{2\pi}} \int_{-\infty}^{\infty} (f * g)(x) \exp(-i\,x\xi) dx \\
&= \frac{1}{\sqrt{2\pi}} \int_{-\infty}^{\infty} dx \exp(-ix\xi) \int_{-\infty}^{\infty} f(x-y)g(y)dy \\
&= \frac{1}{\sqrt{2\pi}} \int_{-\infty}^{\infty} g(y) \exp(-iy\xi) dy \\
&\quad \cdot \int_{-\infty}^{\infty} f(x-y) \exp(-i(x-y))\xi) dx
\end{aligned}$$

となる．ここで $z = x - y$ と変数変換すれば，最後の式は

$$\begin{aligned}
&\frac{1}{\sqrt{2\pi}} \int_{-\infty}^{\infty} g(y) \exp(-iy\xi) dy \\
&\quad \cdot \int_{-\infty}^{\infty} f(x-y) \exp(-i(x-y))\xi) dx \\
&= \frac{1}{\sqrt{2\pi}} \int_{-\infty}^{\infty} g(y) \exp(-iy\xi) dy \int_{-\infty}^{\infty} f(z) \exp(-iz)\xi) dz \\
&= \frac{1}{\sqrt{2\pi}} \sqrt{2\pi} \mathcal{F}g(\xi) \sqrt{2\pi} \mathcal{F}f(\xi)
\end{aligned}$$

$$= \sqrt{2\pi} \mathcal{F} f(\xi) \mathcal{F} g(\xi)$$

と変形されるので，主張が得られる．

(2) Fourier 逆変換の定義を用いて，(1) と同様の計算を行えばよい．実際，

$$\mathcal{F}^{-1}(f * g)(\xi)$$
$$= \frac{1}{\sqrt{2\pi}} \int_{-\infty}^{\infty} (f * g)(x) \exp(ix\xi) dx$$
$$= \frac{1}{\sqrt{2\pi}} \int_{-\infty}^{\infty} dx \exp(ix\xi) \int_{-\infty}^{\infty} f(x - y)g(y) dy$$
$$= \frac{1}{\sqrt{2\pi}} \int_{-\infty}^{\infty} g(y) \exp(iy\xi) dy \int_{-\infty}^{\infty} f(x - y) \exp(i(x - y)\xi) dx.$$

ここで $z = x - y$ と変数変換すれば，

$$\frac{1}{\sqrt{2\pi}} \int_{-\infty}^{\infty} g(y) \exp(iy\xi) dy \int_{-\infty}^{\infty} f(x - y) \exp(i(x - y)\xi) dx$$
$$= \frac{1}{\sqrt{2\pi}} \int_{-\infty}^{\infty} g(y) \exp(iy\xi) dy \int_{-\infty}^{\infty} f(z) \exp(iz\xi) dz$$
$$= \sqrt{2\pi} \mathcal{F}^{-1} f(\xi) \mathcal{F}^{-1} g(\xi)$$

となり，主張が得られる． $\qquad\square$

3.4　Fejér 核関数

例 3.2.2 で定義した急減少関数 $\psi_a(x)$ の Fourier 変換は，補題 3.3.3 で計算したように

$$\Psi_a(\xi) = \exp\left(-\frac{a\xi^2}{4}\right)$$

となり，この関数は $a \to 0$ において定数関数 **1** に各点収束するが，この節では **1** を近似するより扱いやすい関数として，次の関数を考える．

定義 3.4.1 $R > 0$ に対して，連続関数 $k_R = k_R(\xi)$ を

$$k_R(\xi) = \begin{cases} 1 - \dfrac{|\xi|}{R} & (|\xi| \leq R) \\ 0 & (|\xi| > R) \end{cases}$$

と定義する．

$R \to \infty$ のとき，$k_R(\xi)$ は **1** に各点収束する (一様収束はしない) ので，k_R は **1** を近似する．

110   第 3 章　急減少関数の Fourier 変換

定義 3.4.2　$R > 0$ に対して，Fejér 核関数 $K_R(x)$ を

$$K_R(x) = \frac{1}{2\pi} \int_{-\infty}^{\infty} k_R(\xi) \exp(ix\xi) d\xi$$

と定義する．

補足 3.4.3　この核関数は Fourier 級数における Fejér 核関数と関係が深いため，あえて同じ記号を用いる．実際，命題 3.4.4 から分かるように両者は良く似た性質をもつ．この節では $K_R(x)$ はつねに定義 3.4.2 により定義された関数を表す．

定義から

$$K_R(x) = \frac{1}{2\pi} \int_{-R}^{R} \left(1 - \frac{|\xi|}{R}\right) \exp(ix\xi) d\xi$$

と表され，$K_R = \frac{1}{\sqrt{2\pi}} \mathcal{F}^{-1} k_R$ となる．また K_R は C^∞ 級関数である．実際，勝手な 0 以上の整数 k に対して，

$$D_x^k K_R(x) = \frac{1}{2\pi} \int_{-R}^{R} \left(1 - \frac{|\xi|}{R}\right) D_x^k \exp(ix\xi) d\xi$$

$$= \frac{1}{2\pi} \int_{-R}^{R} \left(1 - \frac{|\xi|}{R}\right) (-\xi)^k \exp(ix\xi) d\xi$$

となり，これは x についての連続関数である．第 4 章で見るように，Fourier 変換により定数関数と Dirac の超関数 δ_0 が対応するので，$R \to \infty$ において K_R は δ_0 を近似すると期待されるが，この期待は正しい．この節の残りでそれを確認する．

命題 3.4.4　$K_R(x) = \begin{cases} \dfrac{R}{2\pi} & (x = 0) \\[2ex] \dfrac{R}{2\pi} \left(\dfrac{\sin(Rx/2)}{Rx/2}\right)^2 & (x \neq 0). \end{cases}$

証明. (1) $x = 0$ のときは，

$$K_R(0) = \frac{1}{2\pi} \int_{-R}^{R} \left(1 - \frac{|\xi|}{R}\right) d\xi = \frac{1}{\pi} \int_{0}^{R} \left(1 - \frac{\xi}{R}\right) d\xi = \frac{R}{2\pi}$$

となる.

(2) $x \neq 0$ とする. $K_R(x)$ を定義する積分を

$$K_R(x) = \frac{1}{2\pi} \int_{-R}^{R} \left(1 - \frac{|\xi|}{R}\right) \exp(ix\xi) d\xi$$
$$= \frac{1}{2\pi} \int_{0}^{R} \left(1 - \frac{\xi}{R}\right) \exp(ix\xi) d\xi + \frac{1}{2\pi} \int_{-R}^{0} \left(1 + \frac{\xi}{R}\right) \exp(ix\xi) d\xi$$

と分解する. 第2項は, 変数変換 $\xi = -\eta$ により

$$\frac{1}{2\pi} \int_{-R}^{0} \left(1 + \frac{\xi}{R}\right) \exp(ix\xi) d\xi = \frac{1}{2\pi} \int_{0}^{R} \left(1 - \frac{\eta}{R}\right) \exp(-ix\eta) d\eta$$

となるので

$$K_R(x) = \frac{1}{2\pi} \int_{0}^{R} \left(1 - \frac{\xi}{R}\right) (\exp(ix\xi) + \exp(-ix\xi)) d\xi$$
$$= \frac{1}{\pi} \int_{0}^{R} \left(1 - \frac{\xi}{R}\right) \cos(x\xi) d\xi$$

と表される. 右辺を部分積分を用いて計算すると,

$$\int_{0}^{R} \left(1 - \frac{\xi}{R}\right) \cos(x\xi) d\xi$$
$$= \left[\left(1 - \frac{\xi}{R}\right) \frac{\sin(x\xi)}{x}\right]_{\xi=0}^{R} + \frac{1}{Rx} \int_{0}^{R} \sin(x\xi) d\xi$$
$$= \frac{1}{Rx} \int_{0}^{R} \sin(x\xi) d\xi$$
$$= \frac{1 - \cos(Rx)}{Rx^2}$$
$$= \frac{2\sin^2(Rx/2)}{Rx^2}$$

となり (最後の等式は倍角公式による), この結果を上の式に代入すれば求める等式が得られる. □

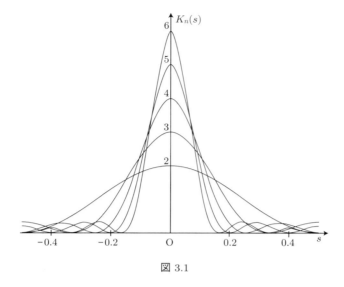

図 3.1

$K_R(x)$ は定理 2.4.7 で述べられているような性質をもつ.

命題 3.4.5 (1) $\quad K_R(x) \geq 0 \quad (\forall x \in \mathbb{R})$.
(2) 勝手な正の数 δ について

$$\lim_{R \to \infty} \sup_{x \notin [-\delta, \delta]} |K_R(x)| = 0, \quad \lim_{R \to \infty} \int_{|x| \geq \delta} K_R(x) dx = 0$$

が成り立つ.

証明. (1) 命題 3.4.4 から明らかである.
(2) $|x| > \delta$ とする. $|\sin(Rx/2)| \leq 1$ より, 命題 3.4.4 から,

$$|K_R(x)| \leq \frac{R}{2\pi} \left(\frac{1}{Rx/2} \right)^2 = \frac{2}{\pi R x^2} \leq \frac{2}{\pi R \delta^2} \tag{3.5}$$

となるので

$$\sup_{x \notin [-\delta, \delta]} |K_R(x)| \leq \frac{2}{\pi R \delta^2}$$

を得る. 前半の主張はこれよりしたがう. 後半の主張は (3.5) を用いて

$$\Big| \int_{|x| \geq \delta} K_R(x) dx \Big| \leq \int_{|x| \geq \delta} |K_R(x)| dx \leq 2 \cdot \frac{2}{\pi R} \int_{\delta}^{\infty} \frac{1}{x^2} dx = \frac{4}{\pi R \delta}$$

からしたがう. □

補題 3.4.6 勝手な正の数 R について

$$\int_{-\infty}^{\infty} K_R(x)dx = \int_{-\infty}^{\infty} K_1(y)dy$$

が成り立つ.

証明. 命題 3.4.4 から

$$\int_{-\infty}^{\infty} K_R(x)dx = \frac{R}{2\pi}\int_{-\infty}^{\infty} \Big(\frac{\sin(Rx/2)}{Rx/2}\Big)^2 dx$$

となるが, $y = Rx$ と変数変換すると

$$\frac{R}{2\pi}\int_{-\infty}^{\infty} \Big(\frac{\sin(Rx/2)}{Rx/2}\Big)^2 dx = \frac{1}{2\pi}\int_{-\infty}^{\infty} \Big(\frac{\sin(y/2)}{y/2}\Big)^2 dy = \int_{-\infty}^{\infty} K_1(y)dy$$

を得る. $\qquad\qquad\square$

補題 3.4.7 $\qquad\qquad \int_{-\infty}^{\infty} K_1(x)dx = 1.$

証明. 定理 2.4.7(3) に帰着して証明を行う. 証明は 4 つのステップに分割される.

(1) 勝手な正の数 δ について

$$\lim_{n\to\infty}\int_{-\delta}^{\delta} K_{n+1}(x)dx = \int_{-\infty}^{\infty} K_1(x)dx$$

が成り立つ. 実際, $R = n+1$ として補題 3.4.6 を用いると

$$\int_{-\infty}^{\infty} K_1(x)dx - \int_{-\delta}^{\delta} K_{n+1}(x)dx$$

$$= \int_{-\infty}^{\infty} K_{n+1}(x)dx - \int_{-\delta}^{\delta} K_{n+1}(x)dx = \int_{|x|\geq\delta} K_{n+1}(x)dx$$

となり, 最後の式に命題 3.4.5(2) を適用すれば主張を得る.

(2) $\qquad\qquad H_n(y) = \frac{1}{n+1}\Big(\frac{\sin((n+1)y/2)}{\sin(y/2)}\Big)^2$

とおくと,

$$\lim_{n\to\infty}\frac{1}{2\pi}\int_{-\delta}^{\delta} H_n(y)dy = 1$$

が成り立つ. 実際, 定理 2.4.7(3) と命題 2.4.9 から

114 第 3 章 急減少関数の Fourier 変換

$$\frac{1}{n+1}\int_{-1/2}^{1/2}\Big(\frac{\sin(n+1)\pi x}{\sin\pi x}\Big)^2dx=1$$

を得る. ここで $y=2\pi x$ と変数変換すると, 左辺は

$$\frac{1}{n+1}\int_{-1/2}^{1/2}\Big(\frac{\sin(n+1)\pi x}{\sin\pi x}\Big)^2dx$$
$$=\frac{1}{2\pi(n+1)}\int_{-\pi}^{\pi}\Big(\frac{\sin((n+1)y/2)}{\sin(y/2)}\Big)^2dy=\frac{1}{2\pi}\int_{-\pi}^{\pi}H_n(y)dy$$

となるので,

$$\frac{1}{2\pi}\int_{-\pi}^{\pi}H_n(y)dy=1 \tag{3.6}$$

がしたがう.

$$A=\Big[-\frac{1}{2},-\frac{\delta}{2\pi}\Big]\cup\Big[\frac{\delta}{2\pi},\frac{1}{2}\Big],\quad B=[-\pi,-\delta]\cup[\delta,\pi]$$

とおくと, 命題 2.4.9(2) と定理 2.4.7(2) から

$$\lim_{n\to\infty}\sup_{x\in A}\frac{1}{n+1}\Big(\frac{\sin(n+1)\pi x}{\sin\pi x}\Big)^2=0$$

が成り立つので, $y=2\pi x$ とおけば

$$\lim_{n\to\infty}\sup_{y\in B}|H_n(y)|=0$$

を得る. 特に, $\displaystyle\lim_{n\to\infty}\int_B H_n(y)dy=0$ となり, (3.6) から

$$\lim_{n\to\infty}\frac{1}{2\pi}\int_{-\delta}^{\delta}H_n(y)dy=\lim_{n\to\infty}\frac{1}{2\pi}\int_{-\pi}^{\pi}H_n(y)dy-\lim_{n\to\infty}\int_B H_n(y)dy$$
$$=\lim_{n\to\infty}\frac{1}{2\pi}\int_{-\pi}^{\pi}H_n(y)dy=1$$

が分かる.

(3) 十分小さな正の数 δ について

$$\lim_{n\to\infty}\Big|\frac{1}{2\pi}\int_{-\delta}^{\delta}H_n(x)dx-\int_{-\delta}^{\delta}K_{n+1}(x)dx\Big|\leq\sup_{|x|\leq\delta}\Big|1-\Big(\frac{\sin(x/2)}{x/2}\Big)^2\Big|$$

が成り立つ. 実際 $x\neq0$ のとき, 命題 3.4.4 を用いて,

$$K_{n+1}(x)=\frac{n+1}{2\pi}\Big(\frac{\sin((n+1)x/2)}{(n+1)x/2}\Big)^2$$

$$= \frac{1}{2(n+1)\pi}\Big(\frac{\sin(x/2)}{x/2}\Big)^2\Big(\frac{\sin((n+1)x/2)}{\sin(x/2)}\Big)^2$$

$$= \frac{1}{2\pi}\Big(\frac{\sin(x/2)}{x/2}\Big)^2 H_n(x)$$

と変形されるから，$H_n(x) \geq 0$ に注意すれば

$$\Big|\frac{1}{2\pi}\int_{-\delta}^{\delta} H_n(x)dx - \int_{-\delta}^{\delta} K_{n+1}(x)dx\Big|$$

$$\leq \int_{-\delta}^{\delta}\Big|\frac{1}{2\pi}H_n(x)dx - \int_{-\delta}^{\delta} K_{n+1}(x)\Big|dx$$

$$\leq \frac{1}{2\pi}\int_{-\delta}^{\delta} H_n(x)\Big|1 - \Big(\frac{\sin(x/2)}{x/2}\Big)^2\Big|dx$$

$$\leq \sup_{|x|\leq\delta}\Big|1 - \Big(\frac{\sin(x/2)}{x/2}\Big)^2\Big|\Big(\frac{1}{2\pi}\int_{-\delta}^{\delta} H_n(x)dx\Big)$$

を得る．ステップ (2) で $\displaystyle\lim_{n\to\infty}\frac{1}{2\pi}\int_{-\delta}^{\delta} H_n(x)dx = 1$ を示したので

$$\lim_{n\to\infty}\Big|\frac{1}{2\pi}\int_{-\delta}^{\delta} H_n(x)dx - \int_{-\delta}^{\delta} K_{n+1}(x)dx\Big|$$

$$\leq \sup_{|x|\leq\delta}\Big|1 - \Big(\frac{\sin(x/2)}{x/2}\Big)^2\Big|\lim_{n\to\infty}\Big(\frac{1}{2\pi}\int_{-\delta}^{\delta} H_n(x)dx\Big)$$

$$= \sup_{|x|\leq\delta}\Big|1 - \Big(\frac{\sin(x/2)}{x/2}\Big)^2\Big|$$

となり，主張が示された．

(4) 証明を完成させる．十分小さい $\delta > 0$ を固定すると，ステップ (1) から (3) までの結果を用いて

$$\Big|\int_{-\infty}^{\infty} K_1(x)dx - 1\Big| = \Big|\lim_{n\to\infty}\int_{-\delta}^{\delta} K_{n+1}(x)dx - 1\Big|$$

$$= \Big|\lim_{n\to\infty}\int_{-\delta}^{\delta} K_{n+1}(x) - \lim_{n\to\infty}\frac{1}{2\pi}\int_{-\delta}^{\delta} H_n(x)dx\Big|$$

$$= \lim_{n\to\infty}\Big|\int_{-\delta}^{\delta} K_{n+1}(x) - \frac{1}{2\pi}\int_{-\delta}^{\delta} H_n(x)dx\Big|$$

$$\leq \sup_{|x|\leq\delta}\Big|1 - \Big(\frac{\sin(x/2)}{x/2}\Big)^2\Big|$$

116　第 3 章　急減少関数の Fourier 変換

を得るが

$$\lim_{x \to 0} \frac{\sin(x/2)}{x/2} = 1$$

より主張がしたがう. □

補題 3.4.6 と補題 3.4.7 から次の命題がしたがう.

命題 3.4.8　勝手な正の数 R について

$$\int_{-\infty}^{\infty} K_R(x)dx = 1$$

が成り立つ.

3.5　反転公式と Planchrel の公式

補題 3.5.1　$f \in \mathcal{S}(\mathbb{R})$ とする. このとき勝手な $R > 0$ について,

$$\frac{1}{2\pi} \int_{-\infty}^{\infty} k_R(\xi) \exp(ix\xi)(\mathcal{F}f)(\xi)d\xi = \frac{1}{\sqrt{2\pi}} \int_{-\infty}^{\infty} f(x-t)K_R(t)dt$$

が成り立つ.

証明.　Fourier 変換と $K_R(x)$ の定義からしたがう. 実際,

$$\frac{1}{2\pi} \int_{-\infty}^{\infty} k_R(\xi) \exp(ix\xi)(\mathcal{F}f)(\xi)d\xi$$

$$= \frac{1}{2\pi} \int_{-\infty}^{\infty} d\xi k_R(\xi) \exp(ix\xi)\Big(\frac{1}{\sqrt{2\pi}} \int_{-\infty}^{\infty} \exp(-iy\xi)f(y)dy\Big)$$

$$= \frac{1}{2\pi} \int_{-\infty}^{\infty} d\xi k_R(\xi) \frac{1}{\sqrt{2\pi}} \int_{-\infty}^{\infty} \exp(i(x-y)\xi)f(y)dy$$

$$= \frac{1}{\sqrt{2\pi}} \int_{-\infty}^{\infty} dy f(y)\Big(\frac{1}{2\pi} \int_{-\infty}^{\infty} k_R(\xi) \exp(i(x-y)\xi)d\xi\Big)$$

$$= \frac{1}{\sqrt{2\pi}} \int_{-\infty}^{\infty} f(y)K_R(x-y)dy.$$

3 番目の等号において, 積分の順序を入れ替えた. 最後の積分式で, $t = x - y$ と変数変換すれば求める等式を得る. □

定理 3.5.2 (Fejér の定理)　$f \in \mathcal{S}(\mathbb{R})$ としたとき,

$$\lim_{R \to \infty} \frac{1}{2\pi} \int_{-\infty}^{\infty} k_R(\xi)(\mathcal{F}f)(\xi) \exp(ix\xi)d\xi = \frac{1}{\sqrt{2\pi}} f(x)$$

が成り立つ.

証明. 補題 3.5.1 と命題 3.4.8 で示した等式 $\int_{-\infty}^{\infty} K_R(t)dt = 1$ を用いると,

$$\frac{1}{2\pi}\int_{-\infty}^{\infty} k_R(\xi)(\mathcal{F}f)(\xi)\exp(ix\xi)d\xi - \frac{1}{\sqrt{2\pi}}f(x)$$
$$= \frac{1}{\sqrt{2\pi}}\Big(\int_{-\infty}^{\infty} f(x-t)K_R(t)dt - f(x)\Big)$$
$$= \frac{1}{\sqrt{2\pi}}\Big(\int_{-\infty}^{\infty} (f(x-t) - f(x))K_R(t)dt\Big)$$

となる. 命題 3.4.5(1) から $K_R(t) \geq 0$ なので

$$\left|\frac{1}{2\pi}\int_{-\infty}^{\infty} k_R(\xi)(\mathcal{F}f)(\xi)\exp(ix\xi)d\xi - \frac{1}{\sqrt{2\pi}}f(x)\right|$$
$$\leq \frac{1}{\sqrt{2\pi}}\int_{-\infty}^{\infty} |f(x-t) - f(x)|K_R(t)dt$$

がしたがう. したがって

$$\lim_{R\to\infty}\int_{-\infty}^{\infty} |f(x-t) - f(x)|K_R(t)dt = 0$$

が示されればよい. 以下, $x \in \mathbb{R}$ を固定して議論を行う. 十分小さい正の数 δ をとり, 積分を

$$\int_{-\infty}^{\infty} |f(x-t) - f(x)|K_R(t)dt \tag{3.7}$$
$$= \int_{|t|\leq\delta} |f(x-t) - f(x)|K_R(t)dt \tag{3.8}$$
$$+ \int_{|t|\geq\delta} |f(x-t) - f(x)|K_R(t)dt \tag{3.9}$$

と分解して (3.8) と (3.9) を評価しよう.

(1) (3.8) の評価. f は急減少関数 (特に連続関数) なので, $x \in \mathbb{R}$ を固定したとき, 勝手に与えられた正の数 ε に対して,

$$|t| \leq \delta \Longrightarrow |f(x-t) - f(x)| < \varepsilon$$

をみたすように $\delta > 0$ が取れる. したがって

$$\int_{|t|\leq\delta} |f(x-t) - f(x)|K_R(t)dt$$
$$\leq \sup_{|t|\leq\delta} |f(x-t) - f(x)| \int_{-\infty}^{\infty} K_R(t)dt < \varepsilon$$

が成り立つ.

118 第 3 章 急減少関数の Fourier 変換

(2) (3.9) の評価. f は急減少関数なので

$$\sup_{x \in \mathbb{R}} |f(x)| \le A$$

をみたす正の数 A が存在する. したがって

$$\int_{|t| \ge \delta} |f(x-t) - f(x)| K_R(t) dt$$

$$\le \int_{|t| \ge \delta} |f(x-t)| K_R(t) dt + \int_{|t| \ge \delta} |f(x)| K_R(t) dt$$

$$\le 2A \int_{|t| \ge \delta} K_R(t) dt$$

となるが, 命題 3.4.5(2) から右辺は $R \to \infty$ において 0 に収束する.

以上より, $R \to \infty$ としたとき, (3.7) は勝手な正の数 ε 以下であることが分かった. □

この定理から, $\mathcal{F}(f) = \mathcal{F}(g)$ であれば $f = g$ となることが直ちに分かるが, 次の事実も成り立つ.

命題 3.5.3 急減少関数 f と g について, $\mathcal{F}^{-1}(f) = \mathcal{F}^{-1}(g)$ であれば

$$f = g$$

である.

証明.

$$\mathcal{F}^{-1}(f)(x) = \frac{1}{\sqrt{2\pi}} \int_{-\infty}^{\infty} f(\xi) \exp(ix\xi) d\xi$$

$$= \overline{\frac{1}{\sqrt{2\pi}} \int_{-\infty}^{\infty} \overline{f(\xi)} \exp(-ix\xi) d\xi}$$

$$= \overline{\mathcal{F}(\overline{f})}$$

より, 仮定から $\mathcal{F}(\overline{f}) = \mathcal{F}(\overline{g})$ が分かる. 定理 3.5.2 から

$$\overline{f} = \overline{g}$$

を得るので, 複素共役をとり主張が示される. □

定理 3.5.4 (反転公式) 急減少関数 f について

$$\mathcal{F}^{-1} \mathcal{F}(f) = \mathcal{F} \mathcal{F}^{-1}(f) = f$$

が成り立つ.

証明. $\mathcal{F}\mathcal{F}^{-1}(f) = f$ は

$$\mathcal{F}^{-1}\mathcal{F}(f) = f \tag{3.10}$$

からしたがう. 実際, $g = \mathcal{F}^{-1}(f) \in \mathcal{S}(\mathbb{R})$ に対して (3.10) を適用すれば,

$$\mathcal{F}^{-1}\mathcal{F}(g) = g$$

すなわち

$$\mathcal{F}^{-1}(\mathcal{F}\mathcal{F}^{-1}f) = \mathcal{F}^{-1}(f)$$

を得るが, 命題 3.5.3 より

$$\mathcal{F}\mathcal{F}^{-1}f = f$$

がしたがう. 以下, (3.10) を示そう. 命題 3.3.6 から $\mathcal{F}f$ は急減少関数であり, また $k_R(\xi) := 1 - \dfrac{|\xi|}{R}$ は $R \to \infty$ で, 定数値関数 $\mathbf{1}$ に各点収束するため, Lebesgue の収束定理から

$$\mathcal{F}^{-1}\mathcal{F}(f)(x) = \frac{1}{\sqrt{2\pi}} \int_{-\infty}^{\infty} \mathcal{F}f(\xi) \exp(ix\xi) d\xi$$
$$= \lim_{R\to\infty} \frac{1}{\sqrt{2\pi}} \int_{-\infty}^{\infty} k_R(\xi)(\mathcal{F}f)(\xi) \exp(ix\xi) d\xi$$

となるが, 定理 3.5.2 よりこれは $f(x)$ に等しい. $\qquad\square$

例 3.2.2 で定義した急減少関数 $\psi_a(x) = \sqrt{\dfrac{2}{a}} e^{-\frac{x^2}{a}}$ を用いて, 反転公式の別証明を与える.

命題 3.5.5 $f, g \in \mathcal{S}(\mathbb{R})$ について

(1) $$f * (\mathcal{F}^{-1}\mathcal{F}g) = g * (\mathcal{F}^{-1}\mathcal{F}f),$$

(2) $$f * (\mathcal{F}\mathcal{F}^{-1}g) = g * (\mathcal{F}\mathcal{F}^{-1}f)$$

すなわち,

(1) $$\int_{-\infty}^{\infty} f(y)(\mathcal{F}^{-1}\mathcal{F}g)(x-y) dy = \int_{-\infty}^{\infty} g(y)(\mathcal{F}^{-1}\mathcal{F}f)(x-y) dy,$$

(2) $$\int_{-\infty}^{\infty} f(y)(\mathcal{F}\mathcal{F}^{-1}g)(x-y) dy = \int_{-\infty}^{\infty} g(y)(\mathcal{F}\mathcal{F}^{-1}f)(x-y) dy$$

が成り立つ.

120　第 3 章　急減少関数の Fourier 変換

証明. (1) 定義を用いて左辺の積分をほどくと

$$\int_{-\infty}^{\infty} f(y)(\mathcal{F}^{-1}\mathcal{F}g)(x-y)dy$$

$$=\int_{-\infty}^{\infty} dy f(y)\Big(\frac{1}{\sqrt{2\pi}}\int_{-\infty}^{\infty}\exp(i(x-y)\xi)\mathcal{F}g(\xi)d\xi\Big)$$

$$=\int_{-\infty}^{\infty} d\xi \exp(ix\xi)\mathcal{F}g(\xi)\Big(\frac{1}{\sqrt{2\pi}}\int_{-\infty}^{\infty}\exp(-iy\xi)f(y)dy\Big)$$

$$=\int_{-\infty}^{\infty}\mathcal{F}g(\xi)\mathcal{F}f(\xi)\exp(ix\xi)d\xi$$

となる．右辺はこの等式の f と g を入れ替えて

$$\int_{-\infty}^{\infty} g(y)(\mathcal{F}^{-1}\mathcal{F}f)(x-y)dy$$

$$=\int_{-\infty}^{\infty}\mathcal{F}f(\xi)\mathcal{F}g(\xi)\exp(ix\xi)d\xi$$

となるが，得られた等式の右辺を比較すれば主張がしたがう．

(2) 証明の方法は (1) と同じである．左辺は

$$\int_{-\infty}^{\infty} f(y)(\mathcal{F}\mathcal{F}^{-1}g)(x-y)dy$$

$$=\int_{-\infty}^{\infty} dy f(y)\Big(\frac{1}{\sqrt{2\pi}}\int_{-\infty}^{\infty}\exp(-i(x-y)\xi)\mathcal{F}^{-1}g(\xi)d\xi\Big)$$

$$=\int_{-\infty}^{\infty} d\xi \exp(-ix\xi)\mathcal{F}^{-1}g(\xi)\Big(\frac{1}{\sqrt{2\pi}}\int_{-\infty}^{\infty}\exp(iy\xi)f(y)dy\Big)$$

$$=\int_{-\infty}^{\infty}\mathcal{F}^{-1}g(\xi)\mathcal{F}^{-1}f(\xi)\exp(-ix\xi)d\xi$$

となり，右辺はこの等式の f と g を入れ替えて

$$\int_{-\infty}^{\infty} g(y)(\mathcal{F}\mathcal{F}^{-1}f)(x-y)dy$$

$$=\int_{-\infty}^{\infty}\mathcal{F}^{-1}f(\xi)\mathcal{F}^{-1}g(\xi)\exp(-ix\xi)d\xi$$

となるが，両者は等しい． □

別証明の概要 (アイデア) を説明する．勝手な正の数 a に対して，補題 3.3.3 から

$$\mathcal{F}^{-1}\mathcal{F}\psi_a = \psi_a$$

なので, $g = \psi_a$ とおいて命題 3.5.5(1) を用いると,

$$f * \psi_a = \psi_a * (\mathcal{F}^{-1}\mathcal{F}f) \tag{3.11}$$

が成り立つ. $a \to 0$ としたとき, ψ_a はたたみ込みにかんする単位元, Dirac 超関数 δ_0 に収束するから, 反転公式 (3.10)

$$f = f * \delta_0 = \delta_0 * (\mathcal{F}^{-1}\mathcal{F}f) = \mathcal{F}^{-1}\mathcal{F}f$$

を得る. 以下, このアイデアを正当化しよう.

証明 (反転公式の別証明). 補題 3.3.3 から, 急減少関数

$$\varphi_a(x) = \sqrt{\frac{a}{2}}\psi_a(x) = \exp\left(-\frac{x^2}{a}\right) \quad (a > 0)$$

について

$$\mathcal{F}^{-1}\mathcal{F}\varphi_a = \varphi_a$$

が成り立つ. 定理 3.2.9(2) よりたたみ込みは交換可能であることに注意し, $g = \varphi_a$ とおいて命題 3.5.5(1) を用いると

$$\varphi_a * f = (\mathcal{F}^{-1}\mathcal{F}f) * \varphi_a,$$

すなわち

$$\int_{-\infty}^{\infty} \exp\left(-\frac{(x-y)^2}{a}\right)f(y)dy = \int_{-\infty}^{\infty} (\mathcal{F}^{-1}\mathcal{F}f)(x-y)\exp\left(-\frac{y^2}{a}\right)dy$$

を得る. 左辺は

$$z = \frac{y-x}{\sqrt{a}}$$

と変数変換すれば

$$\int_{-\infty}^{\infty} \exp\left(-\frac{(x-y)^2}{a}\right)f(y)dy = \sqrt{a}\int_{-\infty}^{\infty} \exp(-z^2)f(x+\sqrt{a}z)dz$$

となる. 一方, 右辺は

$$z = \frac{y}{\sqrt{a}}$$

と変数変換して

122　第 3 章　急減少関数の Fourier 変換

$$\int_{-\infty}^{\infty} (\mathcal{F}^{-1}\mathcal{F}f)(x-y) \exp\Big(-\frac{y^2}{a}\Big) dy$$

$$= \sqrt{a} \int_{-\infty}^{\infty} (\mathcal{F}^{-1}\mathcal{F}f)(x-\sqrt{a}z) \exp(-z^2) dz$$

となるので，これらを比べて

$$\int_{-\infty}^{\infty} \exp(-z^2) f(x+\sqrt{a}z) dz = \int_{-\infty}^{\infty} (\mathcal{F}^{-1}\mathcal{F}f)(x-\sqrt{a}z) \exp(-z^2) dz$$

がしたがう．ここで $a \to 0$ として Lebesgue の収束定理を用いれば，

$$f(x) \int_{-\infty}^{\infty} \exp(-z^2) dz = (\mathcal{F}^{-1}\mathcal{F}f)(x) \int_{-\infty}^{\infty} \exp(-z^2) dz$$

となり，両辺を $\int_{-\infty}^{\infty} \exp(-z^2) dz = \sqrt{\pi}$ で割れば，等式 (3.10)：

$$(\mathcal{F}^{-1}\mathcal{F}f)(x) = f(x)$$

を得る． □

定理 3.5.6 (Planchrel の公式)　急減少関数 f と g について

$$\int_{-\infty}^{\infty} f(x)\overline{g(x)} dx = \int_{-\infty}^{\infty} \mathcal{F}f(\xi)\overline{\mathcal{F}(g)(\xi)} d\xi$$

が成り立つ．

証明． $g = \mathcal{F}^{-1}\mathcal{F}g$ を左辺に代入し，Fourier 変換と逆変換の定義にしたがって計算すると

$$\int_{-\infty}^{\infty} f(x)\overline{g(x)} dx$$

$$= \int_{-\infty}^{\infty} f(x)\overline{\mathcal{F}^{-1}\mathcal{F}g(x)} dx$$

$$= \frac{1}{\sqrt{2\pi}} \int_{-\infty}^{\infty} dx f(x) \int_{-\infty}^{\infty} \overline{\exp(ix\xi)\mathcal{F}g(\xi) d\xi}$$

$$= \int_{-\infty}^{\infty} d\xi \Big(\frac{1}{\sqrt{2\pi}} \int_{-\infty}^{\infty} \exp(-ix\xi) f(x) dx\Big)\overline{\mathcal{F}g(\xi)}$$

$$= \int_{-\infty}^{\infty} \mathcal{F}f(\xi)\overline{\mathcal{F}g(\xi)} d\xi$$

となる． □

命題 3.5.7 $f, g \in \mathcal{S}(\mathbb{R})$ について次の等式が成り立つ.

(1)
$$\mathcal{F}(fg) = \frac{1}{\sqrt{2\pi}}\mathcal{F}(f) * \mathcal{F}(g).$$

(2)
$$\mathcal{F}^{-1}(fg) = \frac{1}{\sqrt{2\pi}}\mathcal{F}^{-1}(f) * \mathcal{F}^{-1}(g).$$

証明. (1) 命題 3.3.6 から, $F = \mathcal{F}(f)$ と $G = \mathcal{F}(g)$ はいずれも急減少関数なので命題 3.3.7(2) より,

$$\frac{1}{\sqrt{2\pi}}\mathcal{F}^{-1}(F * G) = \mathcal{F}^{-1}(F)\mathcal{F}^{-1}(G) = fg$$

を得る. これを Fourier 変換すると, 反転公式から

$$\frac{1}{\sqrt{2\pi}}F * G = \mathcal{F}(fg)$$

がしたがうが, これは求める等式に他ならない.

(2) $F = \mathcal{F}^{-1}(f)$, $G = \mathcal{F}^{-1}(g)$ とおいて, 命題 3.3.7(1) を用いて同様の計算を行えばよい. 実際, 命題 3.3.7(1) と反転公式から

$$\frac{1}{\sqrt{2\pi}}\mathcal{F}(F * G) = \mathcal{F}(F)\mathcal{F}(G) = fg$$

を得るが, これを Fourier 逆変換すれば求める等式がしたがう. $\qquad\square$

3.6 2 変数 Fourier 変換

定義 3.6.1 $\mathbb{R}^2$ 上定義された複素数値 C^∞ 級関数 $f = f(x, y)$ が**急減少関数**であるとは, 0 以上の勝手な整数 k, l, m, n について

$$\sup_{(x,y)\in\mathbb{R}^2} |x^k y^l D_x^m D_y^n f| < \infty$$

が成り立つことと定義する. また $\mathbb{R}^2$ 上の急減少関数全体から成る集合を $\mathcal{S}(\mathbb{R}^2)$ と表す.

1 変数の場合と同様に, 以下の補題が成り立つ. 証明は補題 3.2.3 あるいは補題 3.2.4 と同様なので省略する.

補題 3.6.2 (1) $\mathcal{S}(\mathbb{R}^2)$ は $\mathbb{C}$ 上の線型空間であり, 積について閉じている.

(2) f を $\mathbb{R}^2$ 上の急減少関数とすると, 0 以上の勝手な整数 k, l, m, n について $x^k y^l D_x^m D_y^n f$ も急減少関数である.

124　第 3 章　急減少関数の Fourier 変換

(3) f を $\mathbb{R}^2$ 上の急減少関数とすると，0 以上の勝手な整数 k, l, m, n について

$$\int_{-\infty}^{\infty} \int_{-\infty}^{\infty} |x^k y^l D_x^m D_y^n f(x, y)| dx dy < \infty$$

となる．

定義 3.6.3 (2 変数の Fourier 変換と逆変換)　$f \in \mathcal{S}(\mathbb{R}^2)$ とする．

(1)　f の **Fourier 変換**を

$$\mathcal{F}f(\xi, \eta) = \frac{1}{2\pi} \int_{-\infty}^{\infty} \int_{-\infty}^{\infty} f(x, y) \exp(-i(x\xi + y\eta)) dx dy$$

と定義する．

(2)　f の **Fourier 逆変換**を

$$\mathcal{F}^{-1}f(x, y) = \frac{1}{2\pi} \int_{-\infty}^{\infty} \int_{-\infty}^{\infty} f(\xi, \eta) \exp(i(x\xi + y\eta)) d\xi d\eta$$

と定義する．

補題 3.6.2(3) から定義における積分は収束する．補題 3.3.5 と同様にして，次の補題が示される (証明は省略)．

補題 3.6.4　急減少関数 f について，次の等式が成り立つ．

(1)
$$D_\xi^m D_\eta^n(\mathcal{F}f) = \mathcal{F}(x^m y^n f),$$
$$D_x^m D_y^n(\mathcal{F}^{-1}f) = \mathcal{F}^{-1}((-x)^m (-y)^n f).$$

(2)
$$(-\xi)^m (-\eta)^n(\mathcal{F}f) = \mathcal{F}(D_x^m D_y^n f),$$
$$x^m y^n(\mathcal{F}^{-1}f) = \mathcal{F}^{-1}(D_\xi^m D_\eta^n f).$$

命題 3.6.5　$f \in \mathcal{S}(\mathbb{R}^2)$ とすると，

$$\mathcal{F}f, \quad \mathcal{F}^{-1}f \in \mathcal{S}(\mathbb{R}^2)$$

となる．

証明．　いずれの主張の証明も同じなので，Fourier 変換の場合のみを示す．補題 3.6.4(1) と補題 3.6.2(3) を用いると

$$|D_\xi^m D_\eta^n (\mathcal{F}f)(\xi,\eta)| = |\mathcal{F}(x^m y^n f)(\xi,\eta)|$$

$$\leq \frac{1}{2\pi} \int_{-\infty}^{\infty} \int_{-\infty}^{\infty} |x^m y^n f(x,y)| dx dy < \infty$$

となるが, $\dfrac{1}{2\pi} \displaystyle\int_{-\infty}^{\infty} \int_{-\infty}^{\infty} |x^m y^n f(x,y)| dx dy$ は (ξ,η) によらないので

$$\sup_{(\xi,\eta)\in\mathbb{R}^2} |D_\xi^m D_\eta^n (\mathcal{F}f)(\xi,\eta)| < \infty$$

を得る. 同様に, 補題 3.6.4(2) と補題 3.6.2(3) を用いると

$$|\xi^m \eta^n (\mathcal{F}f)(\xi,\eta)| = |\mathcal{F}(D_x^m D_y^n f)(\xi,\eta)|$$

$$\leq \frac{1}{2\pi} \int_{-\infty}^{\infty} \int_{-\infty}^{\infty} |D_x^m D_y^n f(x,y)| dx dy < \infty$$

となるが, $\dfrac{1}{2\pi} \displaystyle\int_{-\infty}^{\infty} \int_{-\infty}^{\infty} |D_x^m D_y^n f(x,y)| dx dy$ は (ξ,η) によらないので

$$\sup_{(\xi,\eta)\in\mathbb{R}^2} |\xi^m \eta^n (\mathcal{F}f)(\xi,\eta)| < \infty$$

を得る. $\qquad\qquad\qquad\qquad\qquad\qquad\qquad\qquad\qquad\qquad\qquad\square$

定理 3.6.6 (反転公式) f を急減少関数とすると

$$\mathcal{F}^{-1}\mathcal{F}f = f, \quad \mathcal{F}\mathcal{F}^{-1}f = f$$

が成り立つ.

証明. 2 変数関数 $f = f(x,y)$ を, y 座標を固定して変数 x の関数と見なすとき, $f_y(x)$ と表す. すると 1 変数の反転公式から

$$f_y(x) = (\mathcal{F}^{-1}\mathcal{F}f_y)(x) = \frac{1}{2\pi} \int_{-\infty}^{\infty} d\xi \exp(ix\xi) \int_{-\infty}^{\infty} \exp(-i\xi x) f_y(x) dx$$

すなわち,

$$f(x,y) = \frac{1}{2\pi} \int_{-\infty}^{\infty} d\xi \exp(ix\xi) \int_{-\infty}^{\infty} \exp(-ix\xi) f(x,y) dx \qquad (3.12)$$

を得る. また変数 (y,η) について同様の考察を行うと

$$f(x,y) = \frac{1}{2\pi} \int_{-\infty}^{\infty} d\eta \exp(iy\eta) \int_{-\infty}^{\infty} \exp(-iy\eta) f(x,y) dy \qquad (3.13)$$

を得る. これらの等式を用いて, 2 変数関数の反転公式を証明しよう. 2 変数関数の Fourier 変換と逆変換の定義から,

126 第 3 章 急減少関数の Fourier 変換

$$(\mathcal{F}^{-1}\mathcal{F}f)(x,y)$$

$$= \frac{1}{2\pi}\int_{-\infty}^{\infty}\int_{-\infty}^{\infty}(\mathcal{F}f)(\xi,\eta)\exp(i(x\xi+y\eta))d\xi d\eta$$

$$= \left(\frac{1}{2\pi}\right)^2\int_{-\infty}^{\infty}\int_{-\infty}^{\infty}d\xi d\eta \exp(i(x\xi+y\eta))$$

$$\cdot \left(\int_{-\infty}^{\infty}\int_{-\infty}^{\infty}f(x,y)\exp(-i(x\xi+y\eta))dxdy\right)$$

$$= \frac{1}{2\pi}\int_{-\infty}^{\infty}d\eta \exp(iy\eta)\int_{-\infty}^{\infty}dy \exp(-iy\eta)$$

$$\cdot \left[\frac{1}{2\pi}\int_{-\infty}^{\infty}d\xi \exp(ix\xi)\int_{-\infty}^{\infty}\exp(-ix\xi)f(x,y)dx\right]$$

となる. 最後の等式において $[\cdot]$ で囲まれた式に (3.12) を用いると

$$(\mathcal{F}^{-1}\mathcal{F}f)(x,y) = \frac{1}{2\pi}\int_{-\infty}^{\infty}d\eta \exp(iy\eta)\int_{-\infty}^{\infty}\exp(-iy\eta)f(x,y)dy$$

となり，(3.13) から

$$(\mathcal{F}^{-1}\mathcal{F}f)(x,y) = f(x,y)$$

を得る. 1 変数の急減少関数 g について成り立つ等式

$$\mathcal{F}\mathcal{F}^{-1}(g) = g$$

を用いれば，同様の計算により残りの主張

$$(\mathcal{F}\mathcal{F}^{-1}f)(x,y) = f(x,y)$$

がしたがう. □

3.7 Radon 変換と CT の原理

この節では画像診断で用いられる CT (Computer Tomography) の原理について解説する. CT では被写体を xy 平面の中心に置き，その回りを X 線光源が回転して撮影する. このとき X 線が透過しにくいに箇所は白く写るという性質を用いて，画像診断を行う.

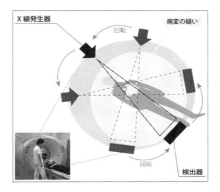
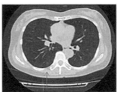

得られる画像 (肺の一断面)

西新潟中央病院放射線科ホームページより

この状況を数式で表そう．座標 (x,y) における被写体の X 線の非透過率 (= 吸光率) を $f(x,y)$ で表すことにする (= X 線の通りにくさ．$f(x,y)$ が大きいところほど白く写る)．X 線カメラで撮影されたデータから $f(x,y)$ を復元する過程で，Fourier 変換が用いられる．実際，被写体の外では $f=0$ となるので，$f=f(x,y)$ は急減少関数となり，反転公式 (定理 3.6.6) から

$$f(x,y) = \mathcal{F}^{-1}(\mathcal{F}f)(x,y)$$
$$= \frac{1}{2\pi} \int_{-\infty}^{\infty} \int_{-\infty}^{\infty} (\mathcal{F}f)(\xi,\eta) \exp[i(x\xi + y\eta)] d\xi d\eta \tag{3.14}$$

が成り立つ．CT 撮影の原理は，極座標を用いて右辺を X 線光源で撮影されたデータ (= f の Radon 変換；定義 3.7.2) の積分に直すことである．この理論を解説する．

極座標

$$\begin{cases} \xi = r\cos\theta \\ \eta = r\sin\theta \end{cases} \quad (r \geq 0,\ 0 \leq \theta < 2\pi)$$

を用いると，この変数変換の Jacobian は

$$d\xi d\eta = r dr d\theta$$

となるので，(3.14) は次のように述べられる．

補題 3.7.1

$$f(x,y) = \frac{1}{2\pi} \int_0^{2\pi} d\theta \int_0^\infty (\mathcal{F}f)(r\cos\theta, r\sin\theta) \exp[ir(x\cos\theta + y\sin\theta)] r dr.$$

右辺に現れる $(\mathcal{F}f)(r\cos\theta, r\sin\theta)$ は，Fourier 変換の定義から

$$(\mathcal{F}f)(r\cos\theta, r\sin\theta) = \frac{1}{2\pi} \int_{-\infty}^\infty \int_{-\infty}^\infty f(x,y) \exp[-ir(x\cos\theta + y\sin\theta)] dxdy \tag{3.15}$$

と表される．CT の X 線光源は原点を中心にして回転するので，X 線光源を主役とする座標軸を導入しよう．すなわち，X 線光源と原点を結ぶ直線を v 軸とし，それと直交する座標軸を u 軸とする：

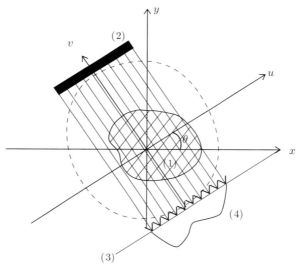

(1) 被写体　(2) X 線光源　(3) スクリーン　(4) 透影像

このとき uv-座標軸は，xy-座標軸を原点を中心にして反時計回りに回転したものになるが，その回転角度を θ とおく．uv-座標を用いて (3.15) を計算しよう．X 線光源は v 軸上にあるので，撮影データは u 軸上の関数となるが，そのデータは f の **Radon 変換** とよばれる．

定義 3.7.2 (Radon 変換)　$f \in \mathcal{S}(\mathbb{R}^2)$ の **Radon 変換** ($= v$ 軸方向の積分) を

$$(Rf)(u,\theta) = \int_{-\infty}^{\infty} f(u\cos\theta - v\sin\theta, u\sin\theta + v\cos\theta)dv$$

と定義する.

ここで, xy-座標と uv-座標のあいだの座標変換は

$$\begin{pmatrix} x \\ y \end{pmatrix} = \begin{pmatrix} \cos\theta & -\sin\theta \\ \sin\theta & \cos\theta \end{pmatrix} \begin{pmatrix} u \\ v \end{pmatrix} \tag{3.16}$$

で与えられるので, Radon 変換は

$$(Rf)(u,\theta) = \int_{-\infty}^{\infty} f(x,y)dv$$

となる. すなわち非透過率の v 軸方向の積分を求めていることになり, これは X 線カメラによる撮影のデータに他ならない. すでに説明したように, CT 撮影のポイントは $(\mathcal{F}f)(r\cos\theta, r\sin\theta)$ を f の Radon 変換 $(Rf)(u,\theta)(=$X 線撮影によるデータ) を用いて表すことである. それを説明するために Radon 変換の基本的な性質を述べる.

補題 3.7.3 (1) $\quad (Rf)(u,\theta) = (Rf)(u,\theta + 2\pi).$

(2) $\quad\quad\quad\quad (Rf)(-u,\theta) = (Rf)(u,\theta + \pi).$

証明. (1) $\quad \sin(\theta + 2\pi) = \sin\theta, \quad \cos(\theta + 2\pi) = \cos\theta$

からしたがう.

(2) Radon 変換の定義から,

$$(Rf)(u,\theta + \pi)$$
$$= \int_{-\infty}^{\infty} f(u\cos(\theta + \pi) - v\sin(\theta + \pi), u\sin(\theta + \pi) + v\cos(\theta + \pi))dv$$
$$= \int_{-\infty}^{\infty} f(-u\cos\theta + v\sin\theta, -u\sin\theta - v\cos\theta)dv$$

となるが, $v = -t$ と変数変換すると

$$\int_{-\infty}^{\infty} f(-u\cos\theta + v\sin\theta, -u\sin\theta - v\cos\theta)dv$$
$$= \int_{-\infty}^{\infty} f(-u\cos\theta - t\sin\theta, -u\sin\theta + t\cos\theta)dt$$
$$= R(-u,\theta)$$

を得る. $\qquad\qquad\qquad\qquad\qquad\qquad\qquad\qquad\qquad\qquad\qquad\qquad\square$

130　第 3 章　急減少関数の Fourier 変換

計算を見やすくするため，$Rf(u, \theta)$ の変数 u にかんする Fourier 変換を $\mathcal{F}_u(Rf)(r, \theta)$ で表す：

$$\mathcal{F}_u(Rf)(r, \theta) = \frac{1}{\sqrt{2\pi}} \int_{-\infty}^{\infty} (Rf)(u, \theta) \exp(-iru) du.$$

命題 3.7.4 (1)　$\mathcal{F}_u(Rf)(r, \theta + \pi) = \mathcal{F}_u(Rf)(-r, \theta).$

(2) (中央断面定理)　$(\mathcal{F}f)(r\cos\theta, r\sin\theta) = \dfrac{1}{\sqrt{2\pi}} \mathcal{F}_u(Rf)(r, \theta).$

証明. (1) 補題 3.7.3(2) より，

$$\mathcal{F}_u(Rf)(r, \theta + \pi) = \frac{1}{\sqrt{2\pi}} \int_{-\infty}^{\infty} (Rf)(u, \theta + \pi) \exp(-iru) du$$

$$= \frac{1}{\sqrt{2\pi}} \int_{-\infty}^{\infty} (Rf)(-u, \theta) \exp(-iru) du$$

となる．ここで $u = -t$ と変数変換すると，

$$\mathcal{F}_u(Rf)(r, \theta + \pi) = \frac{1}{\sqrt{2\pi}} \int_{-\infty}^{\infty} (Rf)(-u, \theta) \exp(-iru) du$$

$$= \frac{1}{\sqrt{2\pi}} \int_{-\infty}^{\infty} (Rf)(t, \theta) \exp(irt) dt$$

$$= \frac{1}{\sqrt{2\pi}} \int_{-\infty}^{\infty} (Rf)(t, \theta) \exp(-i(-r)t) dt$$

$$= \mathcal{F}_u(Rf)(-r, \theta).$$

(2) 定義にしたがって積分を書き下すと，

$$\mathcal{F}_u(Rf)(r, \theta)$$

$$= \frac{1}{\sqrt{2\pi}} \int_{-\infty}^{\infty} (Rf)(u, \theta) \exp(-iru) du$$

$$= \frac{1}{\sqrt{2\pi}} \int_{-\infty}^{\infty} \int_{-\infty}^{\infty} f(u\cos\theta - v\sin\theta, u\sin\theta + v\cos\theta) \exp(-iru) du dv$$

となる．ここで，(3.16) から得られる等式：

$$x = u\cos\theta - v\sin\theta, \quad y = u\sin\theta + v\cos\theta$$

と

$$u = x\cos\theta + y\sin\theta$$

を代入すると，

$$\mathcal{F}_u(Rf)(r, \theta)$$
$$= \frac{1}{\sqrt{2\pi}} \int_{-\infty}^{\infty} \int_{-\infty}^{\infty} f(x, y) \exp(-ir(x\cos\theta + y\sin\theta)) dx dy$$
$$= \sqrt{2\pi}(\mathcal{F}f)(r\cos\theta, r\sin\theta)$$

となり，求める等式が得られた. □

補題 3.7.1 と命題 3.7.4(2) (中央断面定理) から次の定理が得られる，

定理 3.7.5

$$f(x, y) = \frac{1}{\sqrt{(2\pi)^3}} \int_0^{2\pi} d\theta \int_0^{\infty} \mathcal{F}_u(Rf)(r, \theta) \exp[ir(x\cos\theta + y\sin\theta)] r dr.$$

次の目標は
$$\frac{1}{\sqrt{2\pi}} \int_0^{\infty} \mathcal{F}_u(Rf)(r, \theta) \exp[ir(x\cos\theta + y\sin\theta)] r dr$$
を，r 軸方向の Fourier 逆変換を用いて表すことである.

補題 3.7.6

$$f(x, y) = \frac{1}{\sqrt{(2\pi)^3}} \int_0^{\pi} d\theta \int_{-\infty}^{\infty} |r| \mathcal{F}_u(Rf)(r, \theta) \exp[ir(x\cos\theta + y\sin\theta)] dr.$$

証明. 定理 3.7.5 で得られた式を，

$$f(x, y)$$
$$= \frac{1}{\sqrt{(2\pi)^3}} \int_0^{2\pi} d\theta \int_0^{\infty} \mathcal{F}_u(Rf)(r, \theta) \exp[ir(x\cos\theta + y\sin\theta)] r dr$$
$$= \frac{1}{\sqrt{(2\pi)^3}} \int_0^{\pi} d\theta \int_0^{\infty} \mathcal{F}_u(Rf)(r, \theta) \exp[ir(x\cos\theta + y\sin\theta)] r dr$$
$$+ \frac{1}{\sqrt{(2\pi)^3}} \int_{\pi}^{2\pi} d\theta \int_0^{\infty} \mathcal{F}_u(Rf)(r, \theta) \exp[ir(x\cos\theta + y\sin\theta)] r dr$$

と分割して，右辺の第 2 項を変形する．まず $\theta = \tau + \pi$ と変数変換して，補題 3.7.3(2) を用いると

$$\frac{1}{\sqrt{(2\pi)^3}} \int_\pi^{2\pi} d\theta \int_0^\infty \mathcal{F}_u(Rf)(r,\theta) \exp[ir(x\cos\theta + y\sin\theta)]r dr$$

$$= \frac{1}{\sqrt{(2\pi)^3}} \int_0^\pi d\tau \int_0^\infty \mathcal{F}_u(Rf)(r,\tau+\pi) \exp[-ir(x\cos\tau + y\sin\tau)]r dr$$

$$= \frac{1}{\sqrt{(2\pi)^3}} \int_0^\pi d\tau \int_0^\infty \mathcal{F}_u(Rf)(-r,\tau) \exp[-ir(x\cos\tau + y\sin\tau)]r dr$$

を得る．ここで $r = -r$ と変数変換すれば，

$$\frac{1}{\sqrt{(2\pi)^3}} \int_0^\pi d\tau \int_0^\infty \mathcal{F}_u(Rf)(-r,\tau) \exp[-ir(x\cos\tau + y\sin\tau)]r dr$$

$$= \frac{1}{\sqrt{(2\pi)^3}} \int_0^\pi d\tau \int_0^{-\infty} \mathcal{F}_u(Rf)(r,\tau) \exp[ir(x\cos\tau + y\sin\tau)]r dr$$

$$= \frac{1}{\sqrt{(2\pi)^3}} \int_0^\pi d\tau \int_{-\infty}^0 \mathcal{F}_u(Rf)(r,\tau) \exp[ir(x\cos\tau + y\sin\tau)](-r) dr$$

となり，

$$\frac{1}{\sqrt{(2\pi)^3}} \int_\pi^{2\pi} d\theta \int_0^\infty \mathcal{F}_u(Rf)(r,\theta) \exp[ir(x\cos\theta + y\sin\theta)]r dr$$

$$= \frac{1}{\sqrt{(2\pi)^3}} \int_0^\pi d\tau \int_{-\infty}^0 \mathcal{F}_u(Rf)(r,\tau) \exp[ir(x\cos\tau + y\sin\tau)](-r) dr$$

が得られる．これと第 1 項を合わせれば主張がしたがう． $\qquad\square$

定義 3.7.7 (1) $\mathcal{F}_u(Rf)(r,\theta)$ のフィルタリング $\mathcal{F}_u^\phi(Rf)(r,\theta)$ を，

$$\mathcal{F}_u^\phi(Rf)(r,\theta) = |r|\mathcal{F}_u(Rf)(r,\theta)$$

と定義する．

(2) $\mathcal{F}_u^\phi(Rf)(r,\theta)$ の変数 r にかんする Fourier 逆変換を，$\mathcal{F}_r^{-1}(\mathcal{F}_u^\phi(Rf))(\xi)$ と表す．つまり，

$$\mathcal{F}_r^{-1}(\mathcal{F}_u^\phi(Rf))(\xi) = \frac{1}{\sqrt{2\pi}} \int_{-\infty}^\infty \mathcal{F}_u^\phi(Rf)(r,\theta) \exp(ir\xi) dr.$$

これらの記号を用いると補題 3.7.6 の等式は

$$f(x,y) = \frac{1}{2\pi} \int_0^\pi d\theta \left[\frac{1}{\sqrt{2\pi}} \int_{-\infty}^\infty \mathcal{F}_u^\phi(Rf)(r,\theta) \exp[ir(x\cos\theta + y\sin\theta)] dr \right]$$

$$= \frac{1}{2\pi} \int_0^\pi \mathcal{F}_r^{-1}(\mathcal{F}_u^\phi(Rf))(x\cos\theta + y\sin\theta) d\theta$$

と表される．したがって，次の定理が示された．

定理 3.7.8　　$f(x,y) = \dfrac{1}{2\pi} \displaystyle\int_0^\pi \mathcal{F}_r^{-1}(\mathcal{F}_u^\phi(Rf))(x\cos\theta + y\sin\theta)d\theta.$

定理から，$f(x,y)$ は f の Radon 変換 ($=$ X 線撮影によるデータ) の u 軸方向の Fourier 変換をフィルタリングし，さらにその r 軸方向の Fourier 逆変換を求め，**逆投影変換**とよばれる積分変換を行って復元されることが分かる．ここで，**逆投影変換**は，次のように定義される．

定義 3.7.9 (逆投影変換)　1 変数関数 $g = g(\xi)$ の**逆投影変換**を，
$$(Bg)(x,y) = \frac{1}{2\pi}\int_0^\pi g(x\cos\theta + y\sin\theta)d\theta$$
と定義する．

定理 3.7.8 は次のように述べられる．

定理 3.7.10 (CT の原理)　　$f = B(\mathcal{F}_r^{-1}(\mathcal{F}_u^\phi(Rf))).$

CT 撮影の原理を言葉にまとめると，次のようになる：

(1) 検体 f の撮影を行う．この操作は，f の Radon 変換 Rf を求めることに他ならない．これにより u 軸 ($=$ X 線カメラと原点を結ぶ直線と直交する座標軸) 上の関数が得られる．

(2) Rf の u 軸方向の Fourier 変換を行う (この操作で f の Fourier 変換の極座標表示が求められる：中央断面定理).

(3) (2) で得られたデータをフィルタリングする．

(4) (3) で得られたデータを r 軸方向に Fourier 逆変換する．

(5) (4) に逆投影変換を行う．

(1) と (2) が座標平面上の Fourier 変換，(3) から (5) までの行程が Fourier 逆変換の行程となる．

第 4 章

超関数の Fourier 変換

4.1　導入

　音楽を聴くのが趣味の読者にとって，CD やハイレゾという言葉は馴染み深いであろう．これらは，アナログ信号 (音声) をデジタル化 (日本語では「標本化」) することにより実行されるとよく言われるが，どのような原理に基づいて操作が行われるのであろうか．

　デジタル化の原理は Nyquist-Shannon の原理 (定理 4.7.1) といわれ，その理論的な基礎付けに超関数の Fourier 変換が用いられる．この章では超関数の Fourier 変換を解説し，Nyquist-Shannon の原理を証明することを目標とする．超関数の例として

(1) 急減少関数
(2) 幅 R の櫛形超関数 (例 4.2.6 を参照)

が挙げられるが，これらはデジタル化の原理 (Nyquist-Shannon の原理) の証明において重要な役割をはたす．具体的には，(1) はアナログデータ (音声) を，(2) はそのデジタル化を記述する．特に後者は有限巡回群 C_n 上の離散 Fourier 変換における

$$\Delta = \sum_{x=0}^{n-1} \delta_x \quad (\delta_x は x に台を持つ \text{ Dirac 関数})$$

に対応するが，Nyquist-Shannon の原理を証明するためには (1) と (2) の関係を明らかにする必要がある．ところで，いままで扱った Fourier 変換は

(1) 有限巡回群 C_n 上定義された関数の Fourier 変換
(2) 周期関数の Fourier 変換
(3) 急減少関数の Fourier 変換

であり，これらは一見独立しているようであるが，実はそうではない．実際，各章の導入で説明したように

$$(1) \xrightarrow{\ n \text{ を大きくする}\ } (2) \xrightarrow{\ \text{周期を長くする}\ } (3)$$

という関係がある．超関数の Fourier 変換は，(1)（櫛形超関数のいるところ）と (3)（急減少関数のいるところ）を統一した枠組みのなかで扱うので，Nyquist-Shannon の原理の基礎付けを与えることができる．

4.2　超関数

定義 4.2.1 $\mathcal{S}(\mathbb{R})$ から $\mathbb{C}$ への線型関数，すなわち関数

$$T : \mathcal{S}(\mathbb{R}) \longrightarrow \mathbb{C}$$

で

$$T(\alpha f + \beta g) = \alpha T(f) + \beta T(g) \quad (\alpha, \beta \in \mathbb{C},\ f, g \in \mathcal{S}(\mathbb{R}))$$

をみたすものを**超関数**とよぶ．

補足 4.2.2　正しくは，超関数は連続性を持つ線型関数として定義される．つまり，0 以上の整数 k, l に対して，$\mathcal{S}(\mathbb{R})$ に

$$\|f\|_{k,l} = \sup_{x \in \mathbb{R}} |x^k D_x^l f(x)| \quad (f \in \mathcal{S}(\mathbb{R}))$$

によりノルムを定義したとき，**勝手な 0 以上の整数 k, l について**

$$\lim_{n \to \infty} \|f_n\|_{k,l} = 0 \implies \lim_{n \to \infty} T(f_n) = 0$$

が成り立つ，という条件が課される．しかし，本書で扱う超関数はすべて連続な線型関数なので，不要な困難をさけるためこの条件を省略した．

しばしば

$$T(\varphi) = \langle T, \varphi \rangle$$

と表す．

補題 4.2.3　有界連続関数 f は

$$\langle f, \varphi \rangle = \int_{-\infty}^{\infty} f(x)\varphi(x)dx \quad (\varphi \in \mathcal{S}(\mathbb{R})) \tag{4.1}$$

により超関数を定める．

136   第 4 章   超関数の Fourier 変換

補足 4.2.4 記号 $\langle \cdot, \cdot \rangle$ にかんする注意を述べる. 補題 4.2.3 から, $f, g \in \mathcal{S}(\mathbb{R})$ に対して

$$\langle f, g \rangle = \int_{-\infty}^{\infty} f(x)g(x)dx$$

が定義され, この記号は次の性質をみたす.

(1) 急減少関数 f, g, h と複素数 α, β について

$$\langle \alpha f + \beta g, h \rangle = \alpha \langle f, h \rangle + \beta \langle g, h \rangle$$

が成り立つ.

(2) $f, g, \in \mathcal{S}(\mathbb{R})$ について

$$\langle f, g \rangle = \langle g, f \rangle$$

が成り立つ.

特に (2) から, $\langle \cdot, \cdot \rangle$ は **Hermite 内積**ではない.

証明. 積分が収束すれば, 線型性は定義から明らかなので, 積分が存在することを確認する.

$$A = \sup_{x \in \mathbb{R}} |f(x)| < \infty$$

とおくと

$$\left| \int_{-\infty}^{\infty} f(x)\varphi(x)dx \right| \leq \int_{-\infty}^{\infty} |f(x)\varphi(x)|dx \leq A \int_{-\infty}^{\infty} |\varphi(x)|dx$$

となり (4.1) は収束する. $\square$

連続関数でなくても, 積分により超関数が定義されることがある.

例 4.2.5 (1) 一般に正の数 a について

$$H_a(x) = \begin{cases} \dfrac{1}{2a} & (|x| \leq a) \\ 0 & (|x| > a) \end{cases}$$

は

$$\langle H_a, \varphi \rangle = \int_{-\infty}^{\infty} H_a(x)\varphi(x)dx = \frac{1}{2a} \int_{-a}^{a} \varphi(x)dx \tag{4.2}$$

により超関数を定義する.

(2) 実数 a に台をもつ **Dirac 超関数** δ_a を

$$\langle \delta_a, \varphi \rangle = \varphi(a)$$

と定義する.

δ_0 は $\lim\limits_{a \to 0} H_a$ と一致する. すなわち

$$\lim_{a \to 0} \langle H_a, \varphi \rangle = \varphi(0) \quad (\varphi \in \mathcal{S}(\mathbb{R})) \tag{4.3}$$

が成り立つ. 実際, 急減少関数 φ は連続関数なので, 勝手にあたえられた $\varepsilon > 0$ に対して

$$|x| < \delta \Longrightarrow |\varphi(x) - \varphi(0)| < \varepsilon$$

をみたす $\delta > 0$ が存在する. 正の数 a を $a < \delta$ となるようにとると,

$$\varphi(0) = \frac{1}{2a} \int_{-a}^{a} \varphi(0) dx$$

から

$$
\begin{aligned}
|\langle H_a, \varphi \rangle - \varphi(0)| &= \left| \frac{1}{2a} \int_{-a}^{a} \varphi(x) dx - \frac{1}{2a} \int_{-a}^{a} \varphi(0) dx \right| \\
&\leq \frac{1}{2a} \int_{-a}^{a} |\varphi(x) - \varphi(0)| dx \\
&< \frac{1}{2a} \int_{-a}^{a} \varepsilon dx = \varepsilon
\end{aligned}
$$

となり (4.3) が確認された. 次の超関数は Poisson の和公式や Digital Sampling で重要である.

例 4.2.6 R を正の数とする. このとき幅 R の**櫛形超関数**を

$$\Delta_R = \sum_{n=-\infty}^{\infty} \delta_{nR}$$

と定義する. φ を急減少関数とするとき $\langle \Delta_R, \varphi \rangle$ が定義されることを確認する.

$$\langle \Delta_R, \varphi \rangle = \sum_{n=-\infty}^{\infty} \langle \delta_{nR}, \varphi \rangle = \sum_{n=-\infty}^{\infty} \varphi(nR)$$

となるので級数 $\sum\limits_{n=-\infty}^{\infty} \varphi(nR)$ が収束すればよい. しかし φ は急減少関数なので, ある正の数 A が存在し

$$|\varphi(nR)| \leq \frac{A}{|nR|^2} \quad (\forall n \in \mathbb{Z})$$

138　第 4 章　超関数の Fourier 変換

が成り立つ. ここで定理 2.7.1 を用いると

$$\left| \sum_{n=-\infty}^{\infty} \varphi(nR) \right| \leq \sum_{n=-\infty}^{\infty} |\varphi(nR)| \leq |\varphi(0)| + \frac{2A}{R^2} \sum_{n=1}^{\infty} \frac{1}{n^2}$$
$$= |\varphi(0)| + \frac{A\pi^2}{3R^2}$$

となる.

定義 4.2.7　超関数全体の集合を $\mathcal{S}'(\mathbb{R})$ と表す.

命題 4.2.8　$S, T \in \mathcal{S}'(\mathbb{R})$ および複素数 α, β に対して, $\alpha S + \beta T$ を

$$\langle \alpha S + \beta T, \varphi \rangle = \alpha \langle S, \varphi \rangle + \beta \langle T, \varphi \rangle \quad (\varphi \in \mathcal{S}(\mathbb{R}))$$

と定義すると $\alpha S + \beta T$ は超関数となる. したがって $\mathcal{S}'(\mathbb{R})$ は $\mathbb{C}$ 上の線型空間となる.

　$\alpha S + \beta T$ が $\mathcal{S}(\mathbb{R})$ 上の線型関数であることを確認すればよいが, 容易に確認されるので証明は省略する. 補題 4.2.3 で示したように, 有界な連続関数は積分により超関数となるので, とくに急減少関数も超関数を定める. 以下の節で, 超関数にかんする基本的な演算を定義するが, 急減少関数は超関数であるため, 急減少関数について成立する等式を拡張する形で定義がなされる.

4.3　超関数における基本的な演算

定義 4.3.1 (緩増加関数)　$\mathbb{R}$ 上で定義された複素数値 C^∞ 級関数 P が,

$$\forall \psi \in \mathcal{S}(\mathbb{R}) \implies P\psi \in \mathcal{S}(\mathbb{R})$$

という性質をみたすとき, **緩増加関数**という. また 緩増加関数全体から成る集合を $\mathcal{P}(\mathbb{R})$ と表す.

　急減少関数の定義から, 多項式は緩増加関数である. また次の補題は容易に確認されるので, 証明は省略する.

補題 4.3.2 (1) $\mathcal{P}(\mathbb{R})$ は $\mathbb{C}$ 上の線型空間である.
(2) $\mathcal{P}(\mathbb{R})$ は積について閉じている. すなわち

$$P, Q \in \mathcal{P}(\mathbb{R}) \implies PQ \in \mathcal{P}(\mathbb{R})$$

が成り立つ. したがって $\mathcal{P}(\mathbb{R})$ は $\mathbb{C}$ 上の可換代数となる.

以下，第 3 章で導入した記号

$$D_x = i\frac{d}{dx}, \quad D_\xi = i\frac{d}{d\xi}$$

を用いる．

補題 4.3.3 $f, g \in \mathcal{S}(\mathbb{R})$ に対して，次の等式が成り立つ．

(1) 緩増加関数 P について

$$\langle Pf, g \rangle = \langle f, Pg \rangle.$$

(2) $$\langle D_x f, g \rangle = \langle f, -D_x g \rangle.$$

証明． (1) は明らかなので，(2) のみを示す．f と g は急減少関数なので，

$$\lim_{x \to \infty} fg(x) = \lim_{x \to -\infty} fg(x) = 0$$

に注意して部分積分を用いると

$$\langle D_x f, g \rangle = \int_{-\infty}^{\infty} i\frac{df}{dx} g(x) dx = - \int_{-\infty}^{\infty} f(x) i\frac{dg}{dx} dx$$

$$= \langle f, -D_x g \rangle. \qquad \square$$

補題 4.3.3 を考慮して次の定義をする．

定義 4.3.4 T を超関数，P を緩増加関数としたとき，$D_x T$ と PT をそれぞれ次のように定義する．

(1) $$\langle D_x T, \varphi \rangle = \langle T, -D_x \varphi \rangle \quad (\varphi \in \mathcal{S}(\mathbb{R})).$$

(2) $$\langle PT, \varphi \rangle = \langle T, P\varphi \rangle \quad (\varphi \in \mathcal{S}(\mathbb{R})).$$

$\dfrac{dT}{dx}$ や PT が超関数 (つまり $\mathcal{S}(\mathbb{R})$ 上の線型関数) であることの確認は読者にまかせる．

4.4 超関数の Fourier 変換

補題 4.4.1 $f, g \in \mathcal{S}(\mathbb{R})$ に対して，

$$\langle \mathcal{F}f, g \rangle = \langle f, \mathcal{F}g \rangle, \quad \langle \mathcal{F}^{-1}f, g \rangle = \langle f, \mathcal{F}^{-1}g \rangle$$

が成り立つ．

140 第 4 章 超関数の Fourier 変換

証明. 前半の主張は

$$\langle \mathcal{F}f, g \rangle = \int_{-\infty}^{\infty} \mathcal{F}f(\xi)g(\xi)d\xi$$

$$= \frac{1}{\sqrt{2\pi}} \int_{-\infty}^{\infty} d\xi g(\xi) \int_{-\infty}^{\infty} f(x)\exp(-ix\xi)dx$$

$$= \frac{1}{\sqrt{2\pi}} \int_{-\infty}^{\infty} dx f(x) \int_{-\infty}^{\infty} g(\xi)\exp(-ix\xi)d\xi$$

$$= \langle f, \mathcal{F}g \rangle$$

よりしたがう．後半の等式も同様である． □

補題 4.4.1 を考慮して，超関数の Fourier 変換を次のように定義する．

定義 4.4.2 T の **Fourier 変換** $\mathcal{F}T$ と **Fourier 逆変換** $\mathcal{F}T$ を

$$\langle \mathcal{F}T, \varphi \rangle = \langle T, \mathcal{F}\varphi \rangle \quad (\varphi \in \mathcal{S}(\mathbb{R})) \tag{4.4}$$

および

$$\langle \mathcal{F}^{-1}T, \varphi \rangle = \langle T, \mathcal{F}^{-1}\varphi \rangle \quad (\varphi \in \mathcal{S}(\mathbb{R})) \tag{4.5}$$

により定義する．

補足 4.4.3 細かいことではあるが，変数について注意しておく．(4.4) において $\mathcal{F}\varphi$ は ξ の関数なので，T は ξ 変数の超関数である．一方 (4.5) における T は，$\mathcal{F}^{-1}\varphi$ が x の関数なので，x 変数の超関数となる．したがって超関数において Fourier 変換は ξ 変数の超関数から x 変数の超関数への変換であり，Fourier 逆変換は x 変数の超関数から ξ 変数の超関数への変換となる．これはちょうど急減少関数の Fourier 変換や Fourier 逆変換と逆の方向である．

命題 4.4.4 T を超関数とする．このとき 0 以上の整数 m について，以下の等式が成り立つ．

(1) $$\mathcal{F}(D_\xi^m T) = (-x)^m \mathcal{F}T.$$

(2) $$D_x^m(\mathcal{F}T) = \mathcal{F}(\xi^m T).$$

証明. φ を急減少関数とする．

(1) 定義にしたがうと

$$\langle \mathcal{F}(D_\xi^m T), \varphi \rangle = \langle D_\xi^m T, \mathcal{F}\varphi \rangle = \langle T, (-D_\xi)^m (\mathcal{F}\varphi) \rangle$$

となるが，補題 3.3.5(1) より

$$\langle T, (-D_\xi)^m (\mathcal{F}\varphi) \rangle = \langle T, \mathcal{F}((-x)^m \varphi) \rangle$$

となるので

$$\langle \mathcal{F}(D_\xi^m T), \varphi \rangle = \langle T, \mathcal{F}((-x)^m \varphi) \rangle = \langle \mathcal{F}T, (-x)^m \varphi \rangle$$
$$= \langle (-x)^m \mathcal{F}T, \varphi \rangle$$

を得る．したがって

$$\mathcal{F}(D_\xi^m T) = (-x)^m \mathcal{F}T$$

が示された．

(2) 同様に計算する．

$$\langle D_x^m (\mathcal{F}T), \varphi \rangle = \langle \mathcal{F}T, (-D_x)^m \varphi \rangle = \langle T, \mathcal{F}((-D_x)^m \varphi) \rangle$$

となるが，補題 3.3.5(2) より

$$\langle T, \mathcal{F}((-D_x)^m \varphi) \rangle = \langle T, \xi^m (\mathcal{F}\varphi) \rangle = \langle \xi^m T, \mathcal{F}\varphi \rangle$$
$$= \langle \mathcal{F}(\xi^m T), \varphi \rangle$$

となるので

$$D_x^m (\mathcal{F}T) = \mathcal{F}(\xi^m T)$$

が示された． □

定理 4.4.5 (反転公式) 超関数 T に対して

$$\mathcal{F}(\mathcal{F}^{-1}T) = \mathcal{F}^{-1}(\mathcal{F}T) = T$$

が成立する．

証明. いずれの証明も同様なので，前半のみを示す．φ を急減少関数とすると，反転公式 (定理 3.5.4) より，

$$\langle \mathcal{F}(\mathcal{F}^{-1}T), \varphi \rangle = \langle \mathcal{F}^{-1}T, \mathcal{F}\varphi \rangle = \langle T, \mathcal{F}^{-1}(\mathcal{F}\varphi) \rangle$$
$$= \langle T, \varphi \rangle$$

を得る． □

142　第 4 章　超関数の Fourier 変換

補題 4.4.6　実数 a に台をもつ Dirac 超関数の Fourier 変換は

$$\mathcal{F}\delta_a = \frac{1}{\sqrt{2\pi}}\exp(-iax)$$

となる．特に $a = 0$ のときは

$$\mathcal{F}\delta_0 = \frac{1}{\sqrt{2\pi}} \tag{4.6}$$

となる．

証明．　φ を急減少関数とすると，Fourier 変換の定義から，

$$
\begin{aligned}
\langle \mathcal{F}\delta_a, \varphi \rangle &= \langle \delta_a, \mathcal{F}\varphi \rangle \\
&= \left\langle \delta_a, \frac{1}{\sqrt{2\pi}}\int_{-\infty}^{\infty}\varphi(x)\exp(-i\xi x)dx \right\rangle \\
&= \frac{1}{\sqrt{2\pi}}\int_{-\infty}^{\infty}\varphi(x)\exp(-iax)dx \\
&= \left\langle \frac{1}{\sqrt{2\pi}}\exp(-iax), \varphi(x) \right\rangle
\end{aligned}
$$

となる．したがって

$$\mathcal{F}\delta_a = \frac{1}{\sqrt{2\pi}}\exp(-iax)$$

を得る．　　　　　　　　　　　　　　　　　　　　　　　　　　　　　　　□

補題 4.4.7　正の数 a について H_a を例 4.2.5(1) で定義した超関数とすると，その Fourier 変換は

$$\mathcal{F}H_a(x) = \frac{1}{\sqrt{2\pi}}\frac{\sin(ax)}{ax}$$

で与えられる．

証明．　φ を急減少関数とすると，

$$
\begin{aligned}
\langle \mathcal{F}H_a, \varphi \rangle &= \langle H_a, \mathcal{F}\varphi \rangle \\
&= \left\langle H_a, \frac{1}{\sqrt{2\pi}}\int_{-\infty}^{\infty}\exp(-ix\xi)\varphi(x)dx \right\rangle \\
&= \frac{1}{2a}\int_{-a}^{a}d\xi \frac{1}{\sqrt{2\pi}}\int_{-\infty}^{\infty}\exp(-ix\xi)\varphi(x)dx
\end{aligned}
$$

$$= \frac{1}{\sqrt{2\pi}} \int_{-\infty}^{\infty} dx \varphi(x) \frac{1}{2a} \int_{-a}^{a} \exp(-ix\xi) d\xi$$

$$= \frac{1}{\sqrt{2\pi}} \int_{-\infty}^{\infty} dx \varphi(x) \Big(\frac{1}{-2aix} [\exp(-iax) - \exp(iax)] \Big)$$

$$= \frac{1}{\sqrt{2\pi}} \int_{-\infty}^{\infty} \frac{\sin(ax)}{ax} \varphi(x) dx = \Big\langle \frac{1}{\sqrt{2\pi}} \frac{\sin(ax)}{ax}, \varphi \Big\rangle$$

を得る．最後の変形で

$$\exp(-iax) - \exp(iax) = -2i \sin(ax)$$

を用いた． □

前節で $\delta_0 = \lim_{a \to 0} H_a$ となることを確認したが，この関係式は Fourier 変換にどのように反映されるだろうか． $x \neq 0$ とすると，

$$\lim_{a \to 0} \mathcal{F} H_a(x) = \frac{1}{\sqrt{2\pi}} \lim_{a \to 0} \frac{\sin(ax)}{ax} = \frac{1}{\sqrt{2\pi}}$$

となり，(4.6) から

$$\lim_{a \to 0} \mathcal{F} H_a = \mathcal{F} \delta_0$$

がしたがう．このように超関数の Fourier 変換は「連続な」変換であるが，この章の始めに述べたように，本書では連続性について深入りしない．

4.5 急減少関数と超関数のたたみ込み

補題 4.5.1 f, φ, ψ を急減少関数とすると，

$$\langle \psi * f, \varphi \rangle = \langle f, \psi^* * \varphi \rangle$$

が成り立つ．ただし

$$\psi^*(x) = \psi(-x)$$

と定義する．

証明. $\quad \langle \psi * f, \varphi \rangle = \int_{-\infty}^{\infty} (\psi * f)(x) \varphi(x) dx$

$$= \int_{-\infty}^{\infty} dx \varphi(x) \int_{-\infty}^{\infty} \psi(x-y) f(y) dy$$

$$= \int_{-\infty}^{\infty} dy f(y) \int_{-\infty}^{\infty} \psi(x-y) \varphi(x) dx$$

144　第 4 章　超関数の Fourier 変換

最後の等式で積分の順序を入れ替えた．さらに計算を続けると，

$$\int_{-\infty}^{\infty} dy f(y) \int_{-\infty}^{\infty} \psi(x-y)\varphi(x)dx = \int_{-\infty}^{\infty} dy f(y) \int_{-\infty}^{\infty} \psi^*(y-x)\varphi(x)dx$$

$$= \int_{-\infty}^{\infty} f(y)(\psi^* * \varphi)(y)dy$$

$$= \langle f, \psi^* * \varphi \rangle$$

となり，求める等式

$$\langle \psi * f, \varphi \rangle = \langle f, \psi^* * \varphi \rangle$$

が示された．　　　　　　　　　　　　　　　　　　　　　　　　　　　□

　補題 4.5.1 を考慮して，超関数と急減少関数のたたみ込みを次のように定義する．

　定義 4.5.2　超関数 T と急減少関数 ψ のたたみ込み $\psi * T$ を

$$\langle \psi * T, \varphi \rangle = \langle T, \psi^* * \varphi \rangle \quad (\varphi \in \mathcal{S}(\mathbb{R}))$$

と定義する．

　定義 4.5.2 の定義が意味をもつことを確認しよう．まず明らかに ψ^* は急減少関数であり，命題 3.2.8 から $\psi^* * \varphi \in \mathcal{S}(\mathbb{R})$ となるので，$\langle T, \psi^* * \varphi \rangle$ は定義される．次に $\psi * T$ は線型関数であることを確認する．すなわち複素数 α, β，急減少関数 φ, ϕ について

$$\langle \psi * T, \alpha\varphi + \beta\phi \rangle = \alpha \langle \psi * T, \varphi \rangle + \beta \langle \psi * T, \phi \rangle$$

が成立しなければならないが，T が線型関数であることから，定理 3.2.9(1) を用いて

$$\langle \psi * T, \alpha\varphi + \beta\phi \rangle = \langle T, \psi^* * (\alpha\varphi + \beta\phi) \rangle$$

$$= \langle T, \alpha\psi^* * \varphi + \beta\psi^* * \phi \rangle$$

$$= \alpha \langle T, \psi^* * \varphi \rangle + \beta \langle T, \psi^* * \phi \rangle$$

$$= \alpha \langle \psi * T, \varphi \rangle + \beta \langle \psi * T, \phi \rangle$$

となる．

　補題 4.5.3　S, T を超関数，ϕ, ψ を急減少関数とする．このとき複素数 α, β について次の等式が成り立つ．

$$(1) \qquad \psi * (\alpha S + \beta T) = \alpha \psi * S + \beta \psi * T.$$

$$(2) \qquad (\alpha \phi + \beta \psi) * T = \alpha \phi * T + \beta \psi * T.$$

証明. φ を急減少関数とする.

(1) 定義にしたがって計算すればよい. 実際,

$$
\begin{aligned}
\langle \psi * (\alpha S + \beta T), \varphi \rangle &= \langle \alpha S + \beta T, \psi^* * \varphi \rangle \\
&= \alpha \langle S, \psi^* * \varphi \rangle + \beta \langle T, \psi^* * \varphi \rangle \\
&= \alpha \langle \psi * S, \varphi \rangle + \beta \langle \psi * T, \varphi \rangle \\
&= \langle \alpha \psi * S + \beta \psi * T, \varphi \rangle.
\end{aligned}
$$

$$
\begin{aligned}
(2) \qquad (\alpha \phi + \beta \psi)^*(x) &= (\alpha \phi + \beta \psi)(-x) \\
&= \alpha \phi(-x) + \beta \psi(-x) \\
&= \alpha \phi^*(x) + \beta \psi^*(x)
\end{aligned}
$$

に注意し, 定理 3.2.9(1) を用いて計算すると

$$
\begin{aligned}
\langle (\alpha \phi + \beta \psi) * T, \varphi \rangle &= \langle T, (\alpha \phi + \beta \psi)^* * \varphi \rangle \\
&= \langle T, (\alpha \phi^* + \beta \psi^*) * \varphi \rangle \\
&= \langle T, \alpha \phi^* * \varphi + \beta \psi^* * \varphi \rangle \\
&= \alpha \langle T, \phi^* * \varphi \rangle + \beta \langle T, \psi^* * \varphi \rangle \\
&= \alpha \langle \phi * T, \varphi \rangle + \beta \langle \psi * T, \varphi \rangle \\
&= \langle \alpha \phi * T + \beta \psi * T, \varphi \rangle
\end{aligned}
$$

となる. □

補題 4.5.3(1) から, 急減少関数によるたたみ込みは $\mathcal{S}'(\mathbb{R})$ の線型写像となり, さらに補題 4.5.3(2) から分配法則をみたすことが分かる. 関数 f の実数 a によるシフトを

$$f_a(x) = f(x + a)$$

と定義する.

補題 4.5.4 (例 1.2.5 と比較) f を急減少関数とするとき

$$f * \delta_a = f_{-a}$$

が成り立つ. 特に

$$f * \delta_0 = f.$$

146　第 4 章　超関数の Fourier 変換

証明. φ を急減少関数とする．定義にしたがって計算すると，

$$\langle f * \delta_a, \varphi \rangle = \langle \delta_a, f^* * \varphi \rangle$$

$$= \left\langle \delta_a, \int_{-\infty}^{\infty} f^*(x-y)\varphi(y)dy \right\rangle$$

$$= \left\langle \delta_a, \int_{-\infty}^{\infty} f(y-x)\varphi(y)dy \right\rangle$$

$$= \int_{-\infty}^{\infty} f(y-a)\varphi(y)dy$$

$$= \int_{-\infty}^{\infty} f_{-a}(y)\varphi(y)dy$$

$$= \langle f_{-a}, \varphi \rangle$$

となるので，

$$f * \delta_a = f_{-a}$$

が成り立つ．　　　　　　　　　　　　　　　　　　　　　　　　□

この補題からたたみ込みにかんする単位元は δ_0 で与えられることが分かる．

補題 4.5.5　急減少関数 f について，次の等式が成り立つ．

(1)
$$\mathcal{F}^{-1}(f^*) = \overline{\mathcal{F}f}.$$

(2)
$$\mathcal{F}(\mathcal{F}f) = f^*.$$

(3)
$$(\mathcal{F}f)^* = \mathcal{F}^{-1}f.$$

証明. (1) 定義にしたがって計算すればよい．実際，

$$\mathcal{F}^{-1}(f^*)(\xi) = \frac{1}{\sqrt{2\pi}} \int_{-\infty}^{\infty} f^*(x) \exp(ix\xi)dx$$

$$= \frac{1}{\sqrt{2\pi}} \int_{-\infty}^{\infty} \overline{f(-x)} \exp(ix\xi)dx$$

を得る．ここで $y = -x$ と変数変換すれば

$$\frac{1}{\sqrt{2\pi}} \int_{-\infty}^{\infty} \overline{f(-x)} \exp(ix\xi)dx = \overline{\frac{1}{\sqrt{2\pi}} \int_{-\infty}^{\infty} f(y) \exp(-iy\xi)dy}$$

$$= \overline{\mathcal{F}f(\xi)}$$

となり求める等式を得る．

(2) (1) で得られた等式を Fourier 変換すれば反転公式からしたがう．実際，
$$\mathcal{F}(\mathcal{F}f) = \mathcal{F}(\mathcal{F}^{-1}f^*) = f^*.$$

(3) 定義にしたがって計算すればよい：
$$(\mathcal{F}f)^*(\xi) = \mathcal{F}f(-\xi) = \frac{1}{\sqrt{2\pi}} \int_{-\infty}^{\infty} f(x)\exp(ix\xi)dx = (\mathcal{F}^{-1}f)(\xi) \qquad \Box$$

定理 4.5.6 超関数 T と急減少関数 ψ について
$$\mathcal{F}(\psi * T) = \sqrt{2\pi}\mathcal{F}\psi \cdot \mathcal{F}T$$
が成立する．

証明． φ を急減少関数とすると，
$$\langle \mathcal{F}(\psi * T), \varphi \rangle = \langle \psi * T, \mathcal{F}\varphi \rangle = \langle T, \psi^* * \mathcal{F}\varphi \rangle$$
となる．一方，
$$\langle \sqrt{2\pi}\mathcal{F}\psi \cdot \mathcal{F}T, \varphi \rangle = \langle \mathcal{F}T, \sqrt{2\pi}\mathcal{F}\psi \cdot \varphi \rangle = \langle T, \sqrt{2\pi}\mathcal{F}(\mathcal{F}\psi \cdot \varphi) \rangle$$
となるので
$$\sqrt{2\pi}\mathcal{F}(\mathcal{F}\psi \cdot \varphi) = \psi^* * \mathcal{F}\varphi$$
が示されればよい．しかし，命題 3.5.7(1) と補題 4.5.5(2) から，
$$\sqrt{2\pi}\mathcal{F}(\mathcal{F}\psi \cdot \varphi) = \mathcal{F}(\mathcal{F}\psi) * \mathcal{F}\varphi = \psi^* * \mathcal{F}\varphi$$
となり，求める等式が得られる． $\qquad \Box$

定理 4.5.7 超関数 T と急減少関数 ψ について
$$\mathcal{F}(\psi T) = \frac{1}{\sqrt{2\pi}}\mathcal{F}\psi * \mathcal{F}T$$
が成立する．

証明． φ を急減少関数とすると，
$$\langle \mathcal{F}(\psi T), \varphi \rangle = \langle \psi T, \mathcal{F}(\varphi) \rangle = \langle T, \psi\mathcal{F}(\varphi) \rangle$$
となる．ここで，命題 3.3.7(1) と反転公式 (定理 3.5.4) から
$$\mathcal{F}(\mathcal{F}^{-1}(\psi) * \varphi) = \sqrt{2\pi}\mathcal{F}\mathcal{F}^{-1}(\psi) \cdot \mathcal{F}(\varphi) = \sqrt{2\pi}\psi \cdot \mathcal{F}(\varphi)$$
となるので，

148　第 4 章　超関数の Fourier 変換

$$\psi\mathcal{F}(\varphi) = \frac{1}{\sqrt{2\pi}}\mathcal{F}(\mathcal{F}^{-1}(\psi)*\varphi)$$

を得る．したがって，補題 4.5.5(3) とたたみ込みの定義から

$$\langle T, \psi\mathcal{F}(\varphi)\rangle = \frac{1}{\sqrt{2\pi}}\langle T, \mathcal{F}(\mathcal{F}^{-1}(\psi)*\varphi)\rangle$$

$$= \frac{1}{\sqrt{2\pi}}\langle \mathcal{F}T, \mathcal{F}^{-1}(\psi)*\varphi\rangle$$

$$= \frac{1}{\sqrt{2\pi}}\langle \mathcal{F}T, (\mathcal{F}\psi)^{*}*\varphi\rangle$$

$$= \frac{1}{\sqrt{2\pi}}\langle \mathcal{F}\psi*\mathcal{F}T, \varphi\rangle$$

となり，主張

$$\langle \mathcal{F}(\psi T), \varphi\rangle = \frac{1}{\sqrt{2\pi}}\langle \mathcal{F}\psi*\mathcal{F}T, \varphi\rangle$$

を得る．　　　　　　　　　　　　　　　　　　　　　　　　　　　　□

系 4.5.8　超関数 T と急減少関数 ψ について，以下の等式が成り立つ．

(1)　　　　　　　　　　$\mathcal{F}^{-1}(\psi T) = \dfrac{1}{\sqrt{2\pi}}\mathcal{F}^{-1}\psi * \mathcal{F}^{-1}T.$

(2)　　　　　　　　　　$\mathcal{F}^{-1}(\psi * T) = \sqrt{2\pi}\mathcal{F}^{-1}\psi \cdot \mathcal{F}^{-1}T.$

証明.　　　　　　　　　$S = \mathcal{F}^{-1}T, \quad \phi = \mathcal{F}^{-1}\psi$

とおく．

(1)　定理 4.5.6 からと反転公式 (定理 3.5.4) から

$$\mathcal{F}(\phi * S) = \sqrt{2\pi}\mathcal{F}\phi \cdot \mathcal{F}S = \sqrt{2\pi}\psi \cdot T$$

となり，両辺に Fourier 逆変換を施せば，定理 4.4.5 を用いて

$$\sqrt{2\pi}\mathcal{F}^{-1}(\psi \cdot T) = \phi * S = \mathcal{F}^{-1}\psi * \mathcal{F}^{-1}T$$

と求める等式がしたがう．

(2)　定理 4.5.7 から

$$\mathcal{F}(\phi \cdot S) = \frac{1}{\sqrt{2\pi}}\mathcal{F}\phi * \mathcal{F}S = \frac{1}{\sqrt{2\pi}}\psi * T$$

を得るが，この等式に Fourier 逆変換を施せば，再び定理 4.4.5 より

$$\frac{1}{\sqrt{2\pi}}\mathcal{F}^{-1}(\psi * T) = \phi \cdot S = \mathcal{F}^{-1}\psi \cdot \mathcal{F}^{-1}T$$

を得る. $\qquad\square$

4.6　Poisson の和公式

この節では超関数の Fourier 変換の応用として，様々な分野で応用される Poisson の和公式を紹介する．本書では和公式は次の節で解説する Digital Sampling で用いられる.

補題 4.6.1　$\psi \in \mathcal{S}(\mathbb{R})$ について

$$\psi \Delta_R = \sum_{n=-\infty}^{\infty} \psi(nR)\delta_{nR}$$

が成り立つ.

証明. φ を急減少関数とすると，定義から

$$\langle \psi \Delta_R, \varphi \rangle = \langle \Delta_R, \psi\varphi \rangle = \langle \sum_{n=-\infty}^{\infty} \delta_{nR}, \psi\varphi \rangle$$

$$= \sum_{n=-\infty}^{\infty} (\psi\varphi)(nR) = \sum_{n=-\infty}^{\infty} \psi(nR)\varphi(nR)$$

$$= \langle \sum_{n=-\infty}^{\infty} \psi(nR)\delta_{nR}, \varphi \rangle$$

となるので，主張が得られた. $\qquad\square$

定理 4.6.2 (Poisson の和公式 I)　急減少関数 ψ について次の等式が成り立つ.

(1) $$\sum_{n=-\infty}^{\infty} \psi(n) = \sqrt{2\pi} \sum_{n=-\infty}^{\infty} (\mathcal{F}\psi)(2\pi n).$$

(2) $$\sum_{n=-\infty}^{\infty} \psi(n) = \sqrt{2\pi} \sum_{n=-\infty}^{\infty} (\mathcal{F}^{-1}\psi)(2\pi n).$$

証明. (1) ψ は急減少関数なので，級数

$$\Psi(x) = \sum_{n=-\infty}^{\infty} \psi(x+n)$$

は絶対収束し，

150　第 4 章　超関数の Fourier 変換

$$\Psi(x+1) = \Psi(x)$$

をみたす C^∞ 級関数となる．したがって定理 2.4.16 から Fourier 級数展開

$$\Psi(x) = \sum_{n=-\infty}^{\infty} (\Psi, \mathbf{e}_n) \exp(2\pi i n x)$$

を得る．このとき Fourier 係数 $(\Psi, \mathbf{e}_n)$ を求めると，

$$
\begin{aligned}
(\Psi, \mathbf{e}_n) &= \int_0^1 \Psi(x) \exp(-2\pi i n x) dx \\
&= \sum_{m=-\infty}^{\infty} \int_0^1 \psi(x+m) \exp(-2\pi i n x) dx \\
&= \sum_{m=-\infty}^{\infty} \int_0^1 \psi(x+m) \exp(-2\pi i n(x+m)) dx
\end{aligned}
$$

となる．ここで，

$$\exp(-2\pi i n m) = 1 \quad (m, n \in \mathbb{Z})$$

を用いた．$y = x + m$ と変数変換すれば，

$$
\begin{aligned}
&\sum_{m=-\infty}^{\infty} \int_0^1 \psi(x+m) \exp(-2\pi i n(x+m)) dx \\
&= \sum_{m=-\infty}^{\infty} \int_m^{m+1} \psi(y) \exp(-2\pi i n y) dy \\
&= \int_{-\infty}^{\infty} \psi(y) \exp(-i(2\pi n) y) dy \\
&= \sqrt{2\pi} (\mathcal{F}\psi)(2\pi n)
\end{aligned}
$$

となるので

$$\sum_{n=-\infty}^{\infty} \psi(x+n) = \Psi(x) = \sqrt{2\pi} \sum_{n=-\infty}^{\infty} (\mathcal{F}\psi)(2\pi n) \exp(2\pi i n x) \qquad (4.7)$$

が得られる．この等式に $x = 0$ を代入すれば主張がしたがう．

(2) (1) における Fourier 係数 $(\Psi, \mathbf{e}_n)$ は

$$(\Psi, \mathbf{e}_n) = \int_{-\infty}^{\infty} \psi(x) \exp(-i(2\pi n) x) dx$$

と計算されたが，これは

$$(\Psi, \mathbf{e}_n) = \int_{-\infty}^{\infty} \psi(x) \exp(i(-2\pi n) x) dx$$

$$= \sqrt{2\pi}(\mathcal{F}^{-1}\psi)(-2\pi n)$$

とも表せるので，(4.7) を

$$\sum_{n=-\infty}^{\infty} \psi(x+n) = \sqrt{2\pi} \sum_{n=-\infty}^{\infty} (\mathcal{F}^{-1}\psi)(2\pi(-n))\exp(2\pi inx) \qquad (4.8)$$

と書き直すことができる．この等式に $x=0$ を代入し，右辺の和において $n \mapsto -n$ と置き換えれば，求める等式を得る． □

系 4.6.3 R を正の数とすると，急減少関数 ψ について次の等式が成り立つ．

(1) $$\sum_{n=-\infty}^{\infty} \psi(nR) = \frac{\sqrt{2\pi}}{R} \sum_{n=-\infty}^{\infty} (\mathcal{F}\psi)\Big(\frac{2\pi n}{R}\Big).$$

(2) $$\sum_{n=-\infty}^{\infty} \psi(nR) = \frac{\sqrt{2\pi}}{R} \sum_{n=-\infty}^{\infty} (\mathcal{F}^{-1}\psi)\Big(\frac{2\pi n}{R}\Big).$$

証明. (1) 急減少関数 $\phi(x) = \psi(Rx)$ に定理 4.6.2(1) を適用すると，

$$\sum_{n=-\infty}^{\infty} \psi(Rn) = \sum_{n=-\infty}^{\infty} \phi(n) = \sqrt{2\pi} \sum_{n=-\infty}^{\infty} (\mathcal{F}\phi)(2\pi n) \qquad (4.9)$$

が分かる．ϕ の Fourier 変換を計算すると，

$$\mathcal{F}\phi(\xi) = \frac{1}{\sqrt{2\pi}} \int_{-\infty}^{\infty} \phi(x)\exp(-i\xi x)dx$$
$$= \frac{1}{\sqrt{2\pi}} \int_{-\infty}^{\infty} \psi(Rx)\exp(-i\xi x)dx$$

となるが，変数変換 $y = Rx$ により

$$\frac{1}{\sqrt{2\pi}} \int_{-\infty}^{\infty} \psi(Rx)\exp(-i\xi x)dx = \frac{1}{R\sqrt{2\pi}} \int_{-\infty}^{\infty} \psi(y)\exp(-i(\xi/R)y)dy$$
$$= \frac{1}{R}\mathcal{F}\psi\Big(\frac{\xi}{R}\Big)$$

となり，$\xi = 2\pi n$ を代入して

$$\mathcal{F}\phi(2\pi n) = \frac{1}{R}\mathcal{F}\psi\Big(\frac{2\pi n}{R}\Big)$$

を得る．この結果を (4.9) に代入すれば主張がしたがう．

(2) 急減少関数 $\phi(x) = \psi(Rx)$ に定理 4.6.2(2) を適用すると，

$$\sum_{n=-\infty}^{\infty} \psi(Rn) = \sqrt{2\pi} \sum_{n=-\infty}^{\infty} (\mathcal{F}^{-1}\phi)(2\pi n) \qquad (4.10)$$

を得るが，(1) における Fourier 変換の計算において，$\xi \mapsto -\xi$ と置き換えて，

152 第 4 章 超関数の Fourier 変換

$\xi = 2\pi n$ を代入すれば

$$\mathcal{F}^{-1}\phi(2\pi n) = \frac{1}{R}\mathcal{F}^{-1}\psi\Big(\frac{2\pi n}{R}\Big)$$

を得る. これを (4.10) に代入すればよい. □

定理 4.6.4 (Poisson の和公式 II) R を正の数とすると, 次の等式が成り立つ.

$$\Delta_R = \frac{\sqrt{2\pi}}{R}\mathcal{F}\Delta_{2\pi/R} = \frac{\sqrt{2\pi}}{R}\mathcal{F}^{-1}\Delta_{2\pi/R}.$$

証明. φ を急減少関数とすると, 系 4.6.3(1) から

$$\begin{aligned}
\langle\Delta_R, \varphi\rangle &= \sum_{n=-\infty}^{\infty}\varphi(nR) \\
&= \frac{\sqrt{2\pi}}{R}\sum_{n=-\infty}^{\infty}(\mathcal{F}\varphi)\Big(\frac{2\pi n}{R}\Big) \\
&= \Big\langle \frac{\sqrt{2\pi}}{R}\Delta_{2\pi/R}, \mathcal{F}\varphi\Big\rangle \\
&= \Big\langle \frac{\sqrt{2\pi}}{R}\mathcal{F}\Delta_{2\pi/R}, \varphi\Big\rangle
\end{aligned}$$

となり,

$$\Delta_R = \frac{\sqrt{2\pi}}{R}\mathcal{F}\Delta_{2\pi/R}$$

がしたがう. 系 4.6.3(2) を用いて同様の計算を行えば, 残りの等式が得られる. □

4.7 Digital Sampling

F を $[-A, A]$ の外で 0 となる C^∞ 級関数とし, f をその Fourier 逆変換とする. このとき, A に応じて適切な正の数 R を選べば, 離散データ $\{f(nR)\}_{n\in\mathbb{Z}}$ から関数 F を復元することができる. この過程で Poisson の和公式が重要な役割を果たす.

定理 4.7.1 (Nyquist–Shannon の原理) F を有界閉区間 $[-A, A]$ ($A > 0$) の外で 0 となる C^∞ 級関数とし, f をその Fourier 逆変換とする. このとき $R < \pi/A$ をみたす勝手な正の数 R について

$$F(\xi) = \frac{R}{\sqrt{2\pi}} \sum_{n=-\infty}^{\infty} f(nR) \exp(-inR\xi) \quad (\xi \in [-A, A])$$

が成り立つ.

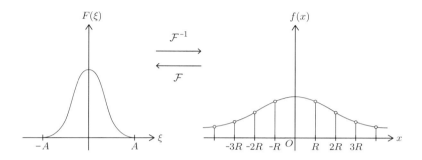

まず，次の定理を示す．

定理 4.7.2 $R > 0$ とする．このとき $\psi \in \mathcal{S}(\mathbb{R})$ に対して
$$\sum_{n=-\infty}^{\infty} \mathcal{F}\psi\left(\xi - \frac{2\pi n}{R}\right) = \frac{R}{\sqrt{2\pi}} \sum_{n=-\infty}^{\infty} \psi(nR) \exp(-inR\xi)$$
が成り立つ．

証明． 補題 4.6.1 から
$$\psi \Delta_R = \sum_{n=-\infty}^{\infty} \psi(nR) \delta_{nR}$$
が成り立つが，この Fourier 変換を計算する．右辺の Fourier 変換は補題 4.4.6 から
$$\mathcal{F}\left(\sum_{n=-\infty}^{\infty} \psi(nR) \delta_{nR}\right) = \sum_{n=-\infty}^{\infty} \psi(nR) \mathcal{F}(\delta_{nR})$$
$$= \frac{1}{\sqrt{2\pi}} \sum_{n=-\infty}^{\infty} \psi(nR) \exp(-inR\xi)$$
となる．次に，Poisson の和公式 (定理 4.6.4) を用いて，左辺の Fourier 変換を計算する．定理 4.6.4 から $\Delta_R = \frac{\sqrt{2\pi}}{R} \mathcal{F}^{-1} \Delta_{2\pi/R}$ が成り立つので
$$\mathcal{F}(\Delta_R) = \frac{\sqrt{2\pi}}{R} \Delta_{2\pi/R} = \frac{\sqrt{2\pi}}{R} \sum_{n=-\infty}^{\infty} \delta_{2\pi n/R}$$

154 第 4 章 超関数の Fourier 変換

となる．したがって定理 4.5.7 から

$$\mathcal{F}(\psi \Delta_R)(\xi) = \frac{1}{\sqrt{2\pi}}(\mathcal{F}(\psi) * \mathcal{F}(\Delta_R))(\xi) = \frac{1}{R}\sum_{n=-\infty}^{\infty}(\mathcal{F}(\psi) * \delta_{2\pi n/R})(\xi)$$

がしたがうが，補題 4.5.4 から

$$(\mathcal{F}(\psi) * \delta_{2\pi n/R})(\xi) = \mathcal{F}(\psi)\Big(\xi - \frac{2\pi n}{R}\Big)$$

となるので，

$$\mathcal{F}(\psi \Delta_R)(\xi) = \frac{1}{R}\sum_{n=-\infty}^{\infty}\mathcal{F}(\psi)\Big(\xi - \frac{2\pi n}{R}\Big)$$

が得られる．以上より

$$\frac{1}{R}\sum_{n=-\infty}^{\infty}\mathcal{F}(\psi)\Big(\xi - \frac{2\pi n}{R}\Big) = \frac{1}{\sqrt{2\pi}}\sum_{n=-\infty}^{\infty}\psi(nR)\exp(-inR\xi)$$

が成り立つことが示された． □

証明 (定理 4.7.1 の証明). 反転公式から $F = \mathcal{F}f$ が成り立つので，$\psi = f$ として定理 4.7.2 を用いると

$$\sum_{n=-\infty}^{\infty}F\Big(\xi - \frac{2\pi n}{R}\Big) = \frac{R}{\sqrt{2\pi}}\sum_{n=-\infty}^{\infty}f(nR)\exp(-inR\xi)$$

を得る．このとき仮定から，$|\xi| \geq A$ のとき $F(\xi) = 0$ であり，また R について の条件から

$$[-A, A]\cap\Big[-A - \frac{2\pi n}{R}, A - \frac{2\pi n}{R}\Big] = \phi \quad (n \neq 0 \in \mathbb{Z})$$

が成り立つので，$\xi \in [-A, A]$ としたとき

$$F\Big(\xi - \frac{2\pi n}{R}\Big) = 0 \quad (n \neq 0)$$

となる．したがって

$$F(\xi) = \frac{R}{\sqrt{2\pi}}\sum_{n=-\infty}^{\infty}f(nR)\exp(-inR\xi) \quad (\xi \in [-A, A])$$

がしたがう． □

付録

A.1 Hermite 内積

定義 A.1.1 V を $\mathbb{C}$ 上の線型空間とする. 写像

$$(\cdot, \cdot) : V \times V \longrightarrow \mathbb{C}$$

で，以下の条件をみたすものを Hermite 内積とよぶ.

(1) α と β を複素数とするとき，

$$(\alpha\mathbf{a} + \beta\mathbf{b}, \mathbf{c}) = \alpha(\mathbf{a}, \mathbf{c}) + \beta(\mathbf{b}, \mathbf{c}) \quad (\mathbf{a}, \mathbf{b}, \mathbf{c} \in V)$$

(2) $$(\mathbf{a}, \mathbf{b}) = \overline{(\mathbf{b}, \mathbf{a})} \quad (\mathbf{a}, \mathbf{b} \in V)$$

(3) $$(\mathbf{a}, \mathbf{a}) \geq 0 \quad (\mathbf{a} \in V)$$

をみたし，さらに $(\mathbf{a}, \mathbf{a}) \geq 0 \Leftrightarrow \mathbf{a} = 0$ が成り立つ.

$\mathbf{a} \in V$ のノルム (長さ) を

$$\|a\| = \sqrt{(\mathbf{a}, \mathbf{a})}$$

と定義する. また Hermite 内積が定義されている完備な複素線型空間を，**Hilbert 空間**とよぶ.

補足 A.1.2 Hermite 内積が定義された有限次元複素線型空間はつねに完備であるので，Hilbert 空間である.

例 A.1.3 有限集合 X 上で定義された複素数値関数全体の集合を，$L^2(X)$ で表す. $f, g \in L^2(X)$ に対して

$$(f, g) = \sum_{x \in X} f(x)\overline{g(x)}$$

と定義すると，これは $L^2(X)$ における Hermite 内積となり，その次元は X の個数に等しいので $L^2(X)$ は Hilbert 空間である.

156　付録

例 A.1.4　$f, g \in \mathbb{C}[\mathbb{Z}]$ に対して

$$(f, g) = \sum_{n \in \mathbb{Z}} f(n) \overline{g(n)}$$

と定義すると，これは $\mathbb{C}[\mathbb{Z}]$ における Hermite 内積となる．

例 A.1.5　$U(1) = \{z \in \mathbb{C} \mid |z| = 1\}$ で定義された連続関数全体を $C^0(U(1))$ で表し，$f, g \in C^0(U(1))$ について

$$(f, g) = \int_{U(1)} f(x) \overline{g(x)} dx$$

と定義すると，これは $C^0(U(1))$ における Hermite 内積となる．

補題 A.1.6　$x, y \in V$ について，

$$\|x + y\|^2 = \|x\|^2 + 2 \operatorname{Re}(x, y) + \|y\|^2$$

が成り立つ．

証明. 定義から

$$\begin{aligned}
\|x + y\|^2 &= (x + y, x + y) \\
&= (x, x) + (x, y) + (y, x) + (y, y) \\
&= \|x\|^2 + [(x, y) + \overline{(x, y)}] + \|y\|^2 \\
&= \|x\|^2 + 2 \operatorname{Re}(x, y) + \|y\|^2.
\end{aligned}$$
$\square$

補題 A.1.7　$x, y \in V$ について

$$|\operatorname{Re}(x, y)| \leq \|x\| \cdot \|y\|$$

となる．また $|\operatorname{Re}(x, y)| = \|x\| \cdot \|y\|$ が成り立つのであれば，ある実数 λ により $y = \lambda x$，あるいは $x = \lambda y$ となる．

証明. $x = 0$ のときは不等式の両辺とも 0 となるので，不等式は等号となり成立する．また $\lambda = 0$ とすれば，後半の主張もしたがう．したがって，以下 $x \neq 0$ とする．Hermite 内積の定義から，t についての 2 次式

$$P(t) = \|tx - y\|^2 = t^2 \|x\|^2 - 2t \operatorname{Re}(x, y) + \|y\|^2$$

はすべての実数 t について 0 以上の値をとるので，その判別式は 0 以下でなければならない．すなわち

A.1 Hermite 内積　157

$$4(\mathrm{Re}(x,y)^2 - \|x\|^2 \cdot \|y\|^2) \leq 0$$

となり，求める不等式が得られる．また等号が成り立つときは，方程式

$$P(t) = \|x - ty\|^2 = 0$$

が実の重根をもち，それを λ とすれば $\|x - \lambda y\| = 0$ となるので，$x = \lambda y$ がしたがう．　　　$\square$

命題 A.1.8　$x, y \in V$ について

$$\|x + y\| \leq \|x\| + \|y\|$$

が成り立つ．

証明．　補題 A.1.7 より

$$\begin{aligned}
(\|x\| + \|y\|)^2 - \|x + y\|^2 &= 2(\|x\| \cdot \|y\| - \mathrm{Re}(x,y)) \\
&\geq 2(\|x\| \cdot \|y\| - |\mathrm{Re}(x,y)|) \geq 0
\end{aligned}$$

となるので主張を得る．　　　$\square$

系 A.1.9 (三角不等式)　$f, g, h \in V$ について

$$\|f - h\| \leq \|f - g\| + \|g - h\|$$

が成り立つ．

証明．　命題 A.1.8 で

$$x = f - g, \quad y = g - h$$

とおけばよい．　　　$\square$

命題 A.1.10　$x, y \in V$ について

$$|(x,y)| \leq \|x\| \cdot \|y\|$$

が成り立つ．

証明．　補題 A.1.7 において，x を $e^{i\theta}x$　$(\theta \in \mathbb{R})$ に置き換えると $|e^{i\theta}| = 1$ より，

$$|\mathrm{Re}(e^{i\theta}(x,y))| = |\mathrm{Re}(e^{i\theta}x, y)| \leq \|x\| \cdot \|y\| \tag{A.1}$$

を得る．α を (x,y) の偏角としよう；

158 付録

$$(x, y) = |(x, y)|e^{i\alpha}.$$

このとき $e^{-i\alpha}(x, y) = |(x, y)|$ なので

$$\mathrm{Re}(e^{-i\alpha}(x, y)) = |(x, y)|$$

となり，(A.1) で $\theta = -\alpha$ とすれば

$$|(x, y)| \leq \|x\| \cdot \|y\|$$

を得る. □

A.2 一様収束，一様ノルム

この節で証明するのは，微分積分学で学習する次の定理である.

定理 A.2.1 $C^0(U(1))$ は，一様ノルムについて完備である.

示すべきことは，「一様ノルムに関する $C^0(U(1))$ の Cauchy 列 $\{f_n\}_n$ は，一様収束極限をもつ」である. 以下の議論で，正の数 ε あるいは点 $x \in U(1)$ に応じて自然数 n_0 を選ぶ必要があるが，その定数が何に依存しているかを明らかにするために，$n_0(\varepsilon)$ あるいは $n_0(\varepsilon, x)$ のように表す. この記号の下で，証明したい主張は以下の通りである.

主張 A.2.2 $\{f_n\}_n$ を $C^0(U(1))$ の点列とする. もし勝手な正の数 ε について，ある自然数 $n_0(\varepsilon)$ が存在し，条件

$$m, n \geq n_0(\varepsilon) \Rightarrow \|f_m - f_n\|_\infty < \varepsilon$$

がみたされているとしよう. このとき $f \in C^0(U(1))$ で

$$\lim_{n \to \infty} \|f - f_n\|_\infty = 0$$

をみたすものが存在する.

次の 3 つの段階に分けて，証明を行う.

(1) f の構成.

(2) $$\lim_{n \to \infty} \|f - f_n\|_\infty = 0.$$

(3) f の連続性.

一様ノルムの定義から，つぎの補題が明らかに成り立つ.

補題 A.2.3 $f \in C^0(U(1))$ としたとき,

$$|f(x)| \leq \|f\|_\infty \quad (\forall x \in \mathbb{R}).$$

以下,各ステップの証明を行う.

(1) f の構成:$x \in \mathbb{R}$ を固定する.また正の数 ε を任意にとり,$n_0(\varepsilon)$ を主張の仮定で保証されている自然数とする.このとき,$m, n \geq n_0(\varepsilon)$ とすれば,補題 A.2.3 より

$$|f_m(x) - f_n(x)| \leq \|f_m - f_n\|_\infty < \varepsilon$$

となるので,$\{f_n(x)\}_n$ は $\mathbb{C}$ における Cauchy 列であることが分かる.$\mathbb{C}$ は完備であるので,その極限が存在し,それを $f(x)$ とおく.また f_n は周期 1 の連続周期関数であるから,$f_n(x+1) = f_n(x)$ をみたすので,

$$f(x+1) = \lim_{n \to \infty} f_n(x+1) = \lim_{n \to \infty} f_n(x) = f(x) \qquad \text{(A.2)}$$

が成り立つ.

(2) $\displaystyle\lim_{n \to \infty} \|f - f_n\|_\infty = 0$ の証明:勝手な正の数 ε について,ある自然数 $N(\varepsilon)$ が存在し,

$$n \geq N(\varepsilon) \Rightarrow |f(x) - f_n(x)| < \varepsilon \quad (\forall x \in \mathbb{R})$$

を示せば良い (ここで $N(\varepsilon)$ が x に無関係であることが重要).まず仮定から,勝手な正の数 ε についてある自然数 $N(\varepsilon)$ が存在し,

$$m, n \geq N(\varepsilon) \Rightarrow |f_m(x) - f_n(x)| < \frac{\varepsilon}{2} \quad (\forall x \in \mathbb{R})$$

が成り立つ.したがって勝手に実数 x を固定し $m \to \infty$ とすれば,ステップ (1) における f の構成から

$$\lim_{m \to \infty} f_m(x) = f(x)$$

なので

$$n \geq N(\varepsilon) \Rightarrow |f(x) - f_n(x)| \leq \frac{\varepsilon}{2} < \varepsilon \quad (\forall x \in \mathbb{R}).$$

となり主張が得られる.

(3) f の連続性:実数 x を固定し,正の数 ε が任意に与えられたとする.このとき,以下の主張 A.2.4 を証明しよう.

160 付録

主張 A.2.4 $|x - y| < \delta(x, \varepsilon) \Rightarrow |f(x) - f(y)| < \varepsilon$
をみたす正の数 $\delta(x, \varepsilon)$ が存在する.

まず ステップ (2) から $\lim_{n \to \infty} \|f - f_n\|_\infty = 0$ なので,勝手に与えられた正の数 ε にたいして,整数 $N(\varepsilon)$ を十分大きくとると

$$n \geq N(\varepsilon) \Rightarrow |f(x) - f_n(x)| < \frac{\varepsilon}{3} \quad (\forall x \in \mathbb{R}) \tag{A.3}$$

が成り立つ.いま n を $N(\varepsilon)$ より大きくとる.f_n は連続関数なので,ある正の数 $\delta(x, \varepsilon)$ が存在し,

$$\forall y \in \mathbb{R}, |x - y| < \delta(x, \varepsilon) \Rightarrow |f_n(x) - f_n(y)| < \frac{\varepsilon}{3} \tag{A.4}$$

が成り立つ.(A.2) と (A.3) を合わせれば,$|x - y| < \delta(x, \varepsilon)$ をみたす勝手な $y \in \mathbb{R}$ について

$$|f(x) - f(y)| \leq |f(x) - f_n(x)| + |f_n(x) - f_n(y)| + |f_n(y) - f(y)|$$
$$< \frac{\varepsilon}{3} + \frac{\varepsilon}{3} + \frac{\varepsilon}{3} = \varepsilon$$

となり,主張 A.2.4 が示された.したがって f は連続関数となり,さらに (A.1) から f は周期 1 をもつ連続周期関数であることが分かる (特に一様連続関数となる).

A.3 Leibnitz の公式

定理 A.3.1 f と g を C^∞ 級関数とすると,

$$(fg)^{(n)} = \sum_{k=0}^{n} \binom{n}{k} f^{(k)} g^{(n-k)} \quad \left(\binom{n}{k} = \frac{n!}{k!(n-k)!} \right)$$

が成り立つ.

証明. $n = 1$ のときはよく知られた積の微分公式

$$(fg)' = f'g + fg'$$

である.$n \geq 2$ として主張を帰納法で示す.$n = r$ で等式が成り立つとすると,

$$(fg)^{(r+1)} = [(fg)^{(r)}]'$$

$$= \left[\sum_{k=0}^{r} \binom{r}{k} f^{(k)} g^{(r-k)} \right]'$$

$$= \sum_{k=0}^{r} \binom{r}{k} [f^{(k+1)}g^{(r-k)} + f^{(k)}g^{(r+1-k)}]$$

となる．ここで

$$\sum_{k=0}^{r} \binom{r}{k} [f^{(k+1)}g^{(r-k)} + f^{(k)}g^{(r+1-k)}] = \sum_{k=0}^{r+1} a(k) f^{(k)} g^{(r+1-k)}$$

と表して，

$$a(k) = \binom{r+1}{k}$$

となることを確認する．

(1) $k = 0$ のとき．

$$a(0) = \binom{r}{0} = 1 = \binom{r+1}{0}.$$

(2) $k \geq 1$ のとき．

$$a(k) = \binom{r}{k} + \binom{r}{k-1}$$

$$= \frac{r!}{k!(r-k)!} + \frac{r!}{(k-1)!(r+1-k))!}$$

$$= \frac{r![(r+1-k)+k]}{k!(r+1-k)!} = \frac{r!(r+1)}{k!(r+1-k)!}$$

$$= \frac{(r+1)!}{k!(r+1-k)!} = \binom{r+1}{k}. \qquad \square$$

系 A.3.2 C^∞ 級関数 f に対して

$$(x^m f)^{(n)} = \sum_{k=0}^{n} \binom{n}{k} c_m(k) x^{m-k} f^{(n-k)}$$

が成り立つ．ただし

$$c_m(k) = \begin{cases} m(m-1)\cdots(m-k+1) & (k \leq m) \\ 0 & (k > m) \end{cases}$$

参考文献

[1] D. Cox, Primes of The Form $x^2 + ny^2$, Wiley Interscience, 1989. ISBN 0-471-50654-0.

[2] T. W. Koerner, Fourier Analysis, Cambridge, 1988. ISBN 0-521-25120-6.

[3] J. P. Serre, A Course in Arithmetic, Graduate Texts in Math., Springer, 1996. ISBN 0-387-90040-3.

[4] A. Terras, Fourier Analysis on Finite Groups and Applications, London Math. Soc. Student Texts 43, Cambridge, 1999. ISBN 0-521-45718-1.

[5] 小暮陽三, なっとくするフーリエ変換, 講談社, 1999. ISBN 4-06-154520-5.

[6] 杉山健一, フーリエ解析講義（理論と応用）, 講談社サイエンティフィック, 2003. ISBN 4-06-155750-5.

索　引

$\check{G}$　6

C^0 級関数　77
C^r 級関数　77
CT (Computer Tomography)　126
CT の原理　133

Dido の定理　88
Dido の問題　23
Dirac 関数　4
Dirac 超関数　137

Euler の等式　83

Fejér 核関数　66
Fejér 核関数 $K_R(x)$　110
Fejér 級数　70
Fejér の定理　116
Fermat の小定理　24
Fourier 逆変換　103, 124, 140
Fourier 級数展開　73
Fourier 変換　103, 124, 140
Frobenius の定理　25

Gauss 和　29

Hermite 内積　2, 155
Hilbert 空間　155

Jacobi 和　39

Legendre 記号　33
Leibnitz の公式　160

Nyquist–Shannon の原理　152

Planchrel の公式　11, 12, 122
Poisson の和公式 I　149
Poisson の和公式 II　152

Radon 変換　128

Tchebychev 多項式　82

余りの空間　36

一様ノルム　64, 99

拡張された指標群　26
加法的指標　28
緩増加関数　138

逆投影変換　133
急減少関数　97, 123

櫛形超関数　137
群環　4

弧長によりパラメトライズされている
　89

三角不等式　157

指標　6
指標群　7
指標の直交関係式　8

台　58

163

164 索 引

たたみ込み　　5, 99, 144
単純閉曲線　　89

中央断面定理　　130
超関数　　135

等周問題　　23, 88

反転公式　　11, 118, 125, 141
反時計回りにパラメトライズされている
　　90

フィルタリング $\mathcal{F}_u^\phi$　　132

閉曲線　　89
平方剰余である　　32
平方剰余の相互律　　33

離散 Fourier 変換　　9
離散指数写像　　25
離散等周問題　　15

杉山　健一

すぎやま・けんいち

略歴
1959 年　茨城県生まれ
1982 年　東京大学理学部数学科卒業
1987 年　東京大学大学院理学系研究科博士課程修了
　　　　　千葉大学理学部助教授，教授を経て
現　在　立教大学理学部教授　理学博士

著書
『フーリエ解析講義——理論と応用』(講談社)
『線型代数』(日本評論社)

フーリエ解析学の序章

2018 年　7 月 20 日　第 1 版第 1 刷発行

著者　　杉山 健一
発行者　横山 伸
発行　　有限会社　数学書房
　　　　〒 101-0051　東京都千代田区神田神保町 1-32-2
　　　　TEL　　03-5281-1777
　　　　FAX　　03-5281-1778
　　　　mathmath@sugakushobo.co.jp
　　　　振込口座　00100-0-372475
印刷
製本　　精文堂印刷株式会社
組版　　野崎 洋
装幀　　岩崎寿文

ⓒ Kennichi Sugiyama 2018
ISBN 978-4-903342-49-8

数学書房選書　桂 利行・栗原将人・堤 誉志雄・深谷賢治　編集

1. 力学と微分方程式　山本義隆◆著　A5判・PP.256

2. 背理法　桂・栗原・堤・深谷◆著　A5判・pp.144

3. 実験・発見・数学体験　小池正夫◆著　A5判・PP.240

4. 確率と乱数　杉田 洋◆著　A5判・PP.160

5. コンピュータ幾何　阿原一志◆著　A5判・PP.192

6. ガウスの数論世界をゆく
　　──正多角形の作図から相互法則・数論幾何へ──　栗原将人◆著　A5判・PP.224

以下続刊

・ 複素数と四元数　橋本義武◆著

・ 微分方程式入門
　　──その解法──　大山陽介◆著

・ フーリエ解析と拡散方程式　栄 伸一郎◆著

・ 多面体の幾何
　　──微分幾何と離散幾何の双方の視点から──　伊藤仁一◆著

・ p進数入門
　　──もう一つの世界の広がり──　都築暢夫◆著

・ ゼータ関数の値について　金子昌信◆著

・ ユークリッドの互除法から見えてくる
　現代代数学　木村俊一◆著

（企画続行中）